HORIZONTAL-
KAMMERÖFEN

VON

Prof. Dr. HEINRICH HOCK

VERLAG von R. OLDENBOURG
MÜNCHEN

HANDBUCH DER GASINDUSTRIE
in Einzeldarstellungen herausgegeben von
HORST BRÜCKNER

Die Drucklegung der Arbeit erfolgte 1938
Satz, Druck und Buchbinder R. Oldenbourg
Graphische Betriebe G. m. b. H., München

A. Geschichtlicher Überblick über die Entwicklung der Horizontalkammeröfen, Einführung von Großraumöfen auf Gaswerken.

Während die im Jahre 1792 einsetzende Entwicklung des Retortenofens für die Entgasung der Steinkohle zur Leuchtgasgewinnung sich über einen Zeitraum von mehr als 100 Jahren erstreckte, vollzog sich die Einführung der Kammeröfen wesentlich rascher und war in knapp 10 Jahren als abgeschlossen zu betrachten. Was insbesondere den Eingang des Horizontal-Kammerofens in den Gaswerksbetrieb anlangt, so war bekanntlich diese Ofenbauart bereits im Kokereiwesen, also auf einer besonders breiten Grundlage, in jahrzehntelanger Entwicklungsarbeit zu einer großen Vervollkommnung gelangt. Die horizontale Verkokungskammer auf Kokereien wurde schon um etwa 1850 bei den Öfen von Smet, Laumonier, Frommont, Francois-Rexroth und anderen Konstruktionen benutzt. Die Smetöfen, s. Z. bei einer ganzen Anzahl westfälischer Kokereien eingeführt, waren 7,8 m lang und etwa 1,50 m hoch, wobei die Ofenfüllung 2½ bis 5 t betrug. Beim Ofen von Frommont war besonders kennzeichnend, daß derselbe zwei übereinanderliegende Ofenkammern besaß. Die untere derselben hatte eine Länge von 3 m, eine Höhe von 1 m und eine Breite von 1,10 m. Die Maße der oberen Kammer waren jeweils um ungefähr 20 cm kleiner. Die Beschickung dieser Öfen erfolgte nur zur Hälfte ihrer Höhe mit etwa 1,2 t Kohle. Die Garungsdauer betrug 24 Stunden und das Koksausbringen 65 bis 67%. Dieser Ofen entspricht somit weitgehend den später auf Gaswerken gebräuchlichen Kleinkammer-Horizontalöfen, die zumeist aus dem Umbau von Horizontalretortenöfen hervorgegangen sind.

Die Horizontalkammeröfen von Francois-Rexroth hatten bereits senkrechte Heizzüge, wodurch die Standfestigkeit der Kammerwände erhöht und eine Verringerung ihrer Wandstärke ermöglicht wurde. Die Kammerbreite des Ofens betrug bis zu 0,9 m, bei einer Ofenladung von 3 t war die Garungszeit 48 Stunden. Mit der horizontalen, durch seitliche, senkrechte Heizzüge beheizten Kammer hat Francois-Rexroth die Grundform für die noch heute üblichen Koksöfen und damit auch gleichzeitig für die im Gaswerksbetriebe späterhin eingeführten Horizontalkammeröfen gegeben.

Etwa 1865 wurden diese Systeme durch einen neuen Horizontalkammerofen von Coppée abgelöst, der 1867 in Deutschland von Dr. C. Otto gebaut wurde (Abb. 1). Er verband die Vorzüge der früheren Konstruktionen, so daß der Grundsatz der Verkokung in einer schmalen, hohen Kammer, also großer Heizfläche bei kleinem Inhalt, weitgehend durchgeführt wurde. Die Länge der Öfen betrug rd. 10 m, ihre Höhe 1,7 m, bei einer mittleren Breite von 600 mm. Die Türen bestanden meist aus Gußeisen mit feuerfester Ausfütterung; vorwiegend wurden

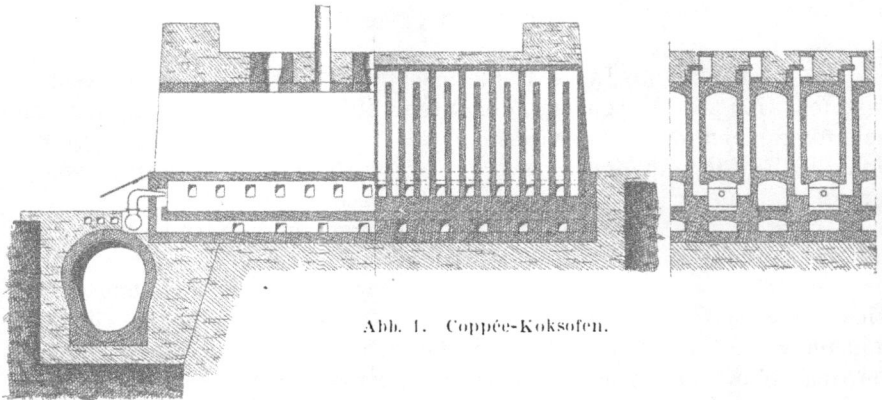

Abb. 1. Coppée-Koksofen.

Schiebetüren verwendet, die mittels Hebel aufgezogen wurden. Das gesamte anfallende Destillationsgas diente zur Beheizung der Kammern. Erst einige Zeit später ging man beim Betrieb der Kokereiöfen dazu über, das gesamte Gas durch Kondensations- und Nebenproduktengewinnungsanlagen zu schicken und das zum Heizen der Öfen erforderliche Gas zum Ofen zurückzuleiten. Der Anstoß zu dieser Maßnahme erfolgte von der Leuchtgasherstellung aus, indem man die dort bei der Leuchtgasbehandlung benutzten Einrichtungen zur Kühlung und Waschung des Gases auf den Kokereibetrieb übertrug. Im Jahre 1881 begann sich auch die Firma C. Otto in Dahlhausen mit dem Horizontalkammerofen mit Nebenproduktengewinnung zu beschäftigen und errichtete auf Zeche Holland bei Wattenscheid eine aus 20 Ofenkammern bestehende Versuchsanlage.

Um diese Zeit erfolgte ein weiterer, sehr wichtiger technischer Fortschritt, indem Dr. von Bauer zum ersten Male das Prinzip der Wärmerückgewinnung beim Bau der Horizontalkammeröfen auf Kokereien angewendet hat. Durch die Anwendung der von Siemens erfundenen Regeneratoren war es möglich, die Ofentemperaturen durch Vorwärmung der Verbrennungsluft zu erhöhen. G. Hoffmann erbaute 1881 in Niederschlesien eine erste solche Anlage mit Nebenproduktengewinnung, eine weitere Anlage mit 20 Öfen folgte auf Zeche Pluto bei Wanne

(1883). Auf Grund der gemachten Erfahrungen wurden dann später von Dr. Otto Regenerativöfen, die sog. Otto-Hoffmann-Öfen erbaut, wobei auf der Maschinen- bzw. Koksseite der Batterie je zwei nebeneinanderliegende Längsregeneratoren vorhanden waren, von denen der eine zur Vorwärmung des Steinkohlengases, der andere zur Erhitzung der Verbrennungsluft diente. Später wurde dann nur je 1 Regenerator auf jeder Seite des Ofens für die Vorwärmung der Luft vorgesehen, da sich mittlerweile herausgestellt hatte, daß die Vorwärmung von Koksofengas keinen Zweck hat. Diese Otto-Hoffmann-Öfen fanden sehr bald erhebliche Verbreitung. In der Folgezeit wurde an diesen Öfen eine ganze Reihe von Verbesserungen durchgeführt, die alle grundsätzlich darauf hinausgingen, eine möglichst wirtschaftliche und damit gleichmäßige Beheizung der Ofenkammern zu erzielen, indem auf eine möglichst gute Verteilung und restlose Verbrennung der Heizgase Bedacht genommen wurde.

Da indessen die regenerativ beheizten Otto-Hoffmann-Öfen noch allerlei Mängel zeigten, verließ man das Regeneratorprinzip zunächst wieder. Insbesondere zeichneten sich die von Brunck erbauten Horizontalkammeröfen (1884) durch eine sehr vorteilhafte Wärmeverteilung aus, wodurch eine Überhitzung einzelner Ofenteile vermieden wurde,

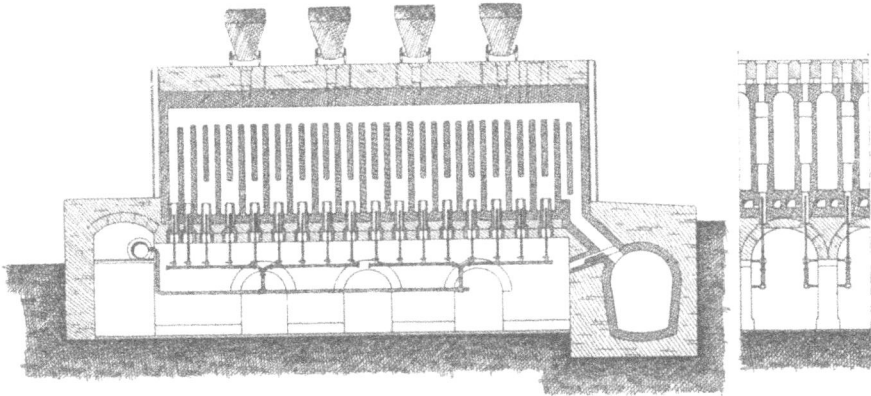

Abb. 2. Unterbrennerofen.

was insbesondere in der guten Koksqualität zum Ausdruck kam. Die günstigen Ergebnisse dieser ohne Luftvorwärmung arbeitenden Anlagen veranlaßten auch die Firma Otto, Koksöfen ohne Regeneratoren zu erbauen, wobei die Abhitze zur Dampferzeugung verwendet wurde. In diesem Bestreben entstand 1895 der sog. Otto-Unterbrennerofen, der durch die in Richtung der Kammer durchgeführte Unterkellerung gekennzeichnet ist (Abb. 2.) Von diesen Gewölben aus erfolgte die Zuführung des Heizgases (Koksofengas) und der Verbrennungsluft in zahlreichen Brennern für jede Heizwand. Die auf die ganze Kammerlänge gleichmäßige Gasverteilung bewirkte in dieser Richtung eine gleichmäßige Beheizung. Die Gase brannten in mehreren Heizzügen nach oben, sammelten sich im oberen Horizontalkanal und zogen durch einige nicht beheizte Heizzüge am Ende des Ofens zum Fuchs. Die ersten Unterbrenneröfen hatten sieben Brenner auf 10,25 m Länge, die zunächst unter der Ofensohle angeordnet waren, alsdann jedoch in die Heizwände verlegt wurden, wobei durch die Anwendung von Bunsenbrennern eine kurzflammige Verbrennung erzielt wurde. Außer den Nebenprodukten konnte noch etwa 1 t Dampf je t Kohle aus der Abhitze erzeugt werden.

Als sich jedoch etwa um das Jahr 1900 das Bedürfnis nach möglichst viel überschüssiger Energie in Form von Gas geltend machte, kehrte man wieder zur regenerativen Wärmerückgewinnung zurück, und zwar diesmal mit vollem Erfolg. Von diesem Zeitpunkte ab nahmen alsdann eine ganze Reihe deutscher Firmen den Bau von Horizontalkammeröfen für Kokereien auf, wodurch dieses Gebiet ganz außerordentlich befruchtet wurde. In der nun folgenden Entwicklungszeit bildeten sich schrittweise die neueren Ofenkonstruktionen heraus, wie sie uns in ihrer derzeitigen Vollendung begegnen.

Die so auf den Kokereien im Verlaufe vieler Jahrzehnte entwickelten Horizontalkammeröfen wurden alsdann in entsprechender Anpassung an die besonderen Betriebsverhältnisse auch auf Gaswerken eingeführt, und zwar in Fällen, wo entweder größere Verbrauchsgebiete oder ausgedehntere Bezirke mit Gas beliefert werden sollten. So haben sich die Horizontalkammeröfen als eigentliche »Großraumöfen« auf den zentralen Gaswerken großer Städte einerseits und auf Werken zur Gruppengasversorgung andererseits eingeführt. Zwischen derartigen Anlagen mit einem Kammerladegewicht von 10 t Kohlen und mehr und einer Zechenkokerei bestehen heutigentags kaum mehr wesentliche Unterschiede. Selbstverständlich sind die »Gaswerks-Kokereien«, wie man sie auch nennen kann, auf die speziellen von ihnen zu erfüllenden Anforderungen und Aufgaben zugeschnitten. Umgekehrt haben auch gewisse, für Gaswerke seit langem typische Einrichtungen, wie z. B. der Naßbetrieb der Kammern, in letzter Zeit auf den Zechenkokereien in dem Maße Eingang gefunden, als bei letzteren die Gaserzeugung und die Belieferung mit Ferngas an Bedeutung und Umfang zugenommen hat, d. h. eine Erhöhung der Gasausbeute und eine Regelung des Heizwertes wünschenswert geworden ist. Eine besondere Bedeutung haben solche Maßnahmen für die Abdeckung des Spitzenbedarfes und somit für eine elastische Gestaltung der Gasabgabe.

Hinsichtlich der Anpassung der Großraum-Horizontalkammeröfen an den Gaswerksbetrieb spielt auch die im Vergleich zu den Zechenkokereien wohl zumeist anders geartete Rohstoffgrundlage eine nicht unwesentliche Rolle. So verfügen die Zechenkokereien, wie z. B. diejenigen des Ruhrgebietes, in Gestalt der Fettkohle (Kokskohle) über eine eigene, praktisch sehr gleichmäßige und gleichartige Rohstoffgrundlage über längere Zeiten. Die Art der jeweiligen Rohstoffgrundlage, d. h. der Charakter der zu entgasenden Kohle, ist jedoch von wesentlichem Einfluß auf die Wahl der Kammern, besonders auf die Kammerbreite. Für stärker inkohlte Steinkohlen sind z. B. sehr oft breitere Kammern empfehlenswert, um etwaigen Treiberscheinungen der Kohlen zu begegnen. Auch für normale Fettkohlen geht man im Ruhrgebiet nach den mit schmäleren Kammern gemachten Erfahrungen nicht unter eine mittlere Kammerbreite von 450 mm, die sich durchweg eingeführt und als zweckmäßig erwiesen hat, herunter, um bei günstigen Garungszeiten eine für metallurgische Zwecke günstige Stückigkeit des Kokses zu erzielen, die von der Kammerbreite abhängt. Demgegenüber ist jedoch bekannt, daß jüngere Kohlen, wie Gaskohlen usw., die für sich oder in Mischung z. T. auch von Großgaswerken als Rohstoff herangezogen werden, sich in schmäleren und daher kürzer garenden Kammern günstiger verkoken lassen, d. h. einen besseren Koks ergeben. Dessen ungeachtet lassen sich solche Kammern aber auch für Fettkohlen als solche verwenden. Daher hat man bei einer Anzahl von Horizontalkammeranlagen auf Gaswerken die Kammerbreite mitunter etwas kleiner (400 mm) gewählt. Die schmäleren Kammern geben hinsichtlich der Auswahl der zu verarbeitenden Kohlenarten eine größere Bewegungsfreiheit. Diese elastische Betriebsgestaltung ist nicht zuletzt dadurch bedingt, daß zumeist die eigene Kohlengrundlage fehlt und ein Wechsel der Bezugsquelle eintreten kann. Die Verbraucher des auf den Gaswerken erzeugten Kokses benötigen auch zumeist kleinere Stückgrößen als ein Teil der Zechenkoksverbraucher, so daß es oft nicht einmal wünschenswert ist, die Stückigkeit des Kokses über ein gewisses Maß hinaus zu treiben.

Die Einführung des Horizontalkammerofens, wenigstens von seiten deutscher Erbauerfirmen, ist wohl im Jahre 1892 durch die Fa. Aug. Klönne in Dortmund erfolgt, die auf dem Gaswerk Rotterdam eine Horizontalkammerofenanlage mit einer Kohlenladung von 5 t je Kammer errichtete. In der Folgezeit hat man allerdings bei der Anwendung von Kammern sich mehr dem Schrägkammerofen zugewandt, und erst im Anschluß hieran begann man mit der Übertragung von Kokereikammeröfen in Gaswerke bzw. mit der Anpassung dieser Öfen für Zwecke der Gaserzeugung in Städten.

Die Entwicklung von den Retortenöfen zu den Kammeröfen, speziell zu dem für die Großgaserzeugung besonders geeigneten Kokereiofen, vollzog sich im Zeichen der Erhöhung der Leistung, der Verkürzung der Garungsdauer je Einheit der Gaserzeugung, Verbesserung der Wärmewirtschaft, Verbesserung der Erzeugnisse, Vergrößerung der Entgasungsräume, Verminderung der Arbeiterzahl und Vergrößerung des Durchsatzes. Eine größere Ofenleistung hängt im wesentlichen ab von der Möglichkeit, die Entgasungstemperaturen im Ofen steigern zu können, was insbesondere durch die Verwendung von Silikasteinen als Baustoff ermöglicht worden ist, die höheren Temperaturen standhalten als Chamottesteine. Im Gegensatz zu den sonstigen Kammeröfen und ebenso den sog. Kleinraum-Horizontalkammeröfen mit Kammerladungen bis zu wenigen Tonnen, sind die Großraum-Horizontalkammeröfen ebenso wie die Kokereiöfen durchweg für regenerative Beheizung eingerichtet. Bei Schwachgasbetrieb wird das zur Beheizung dienende Schwachgas in besonderen Zentralgeneratoranlagen aus einem Teile des anfallenden Kokses hergestellt und nach seiner Reinigung und der damit verbundenen Kühlung in kaltem Zustande nach den Öfen geführt, wo es, ebenso wie die Verbrennungsluft, in Regeneratoren vorgewärmt wird. Diese sind vorzugsweise für das Arbeiten bei höheren Temperaturen geeignet und ermöglichen auch eine weitergehende Wärmerückgewinnung als Rekuperatoren, da die Temperaturen der Abgase beim Regenerativofen wesentlich niedriger sind als beim rekuperativen Wärmeaustausch, was naturgemäß den Aufwand an Unterfeuerung entsprechend verringert.

Hinsichtlich ihrer Betriebsweise gleichen die Horizontalgroßraumöfen auf Gaswerken den mit Schwachgas beheizten Verbundöfen der Kokereien, lassen sich aber ebenso wie letztere wahlweise ganz oder z. T. mit Starkgas (Leuchtgas) betreiben, was die Elastizität sowohl hinsichtlich der Gaserzeugung als auch der Kokserzeugung außerordentlich erhöht.

B. Allgemeine Kennzeichen der neueren Horizontalkammeröfen in bezug auf Bau und Arbeitsweise.

1. Fortschritte im Ofenbau, Beheizungsarten, Ofenleistungen, Kammerbreite, Garungszeit und Koksqualität, Wärmeleitung und Wärmeübertragung beim Kammerofen.

Im folgenden soll kurz über die allgemeinen Kennzeichen sowie über die wärmetechnischen Fragen der neueren Horizontalkammerofensysteme einiges ausgeführt werden, besonders über diejenigen, die in Gaswerksbetrieben Anwendung gefunden haben. Es handelt sich hierbei um Kammerinhalte, die für etwa 10 t Kohle und mehr bemessen sind, so daß sie sich auch in ihren Ladegewichten im allgemeinen wenig oder überhaupt nicht von den Kokereiöfen unterscheiden, die, wie früher bemerkt, etwa seit dem Jahre 1900 in ein sehr lebhaftes und fruchtbares Entwicklungsstadium getreten waren, wovon natürlich die sich

etwa seit 1909 entwickelnden Großgaswerke (Wien-Simmering, Leopold-
au usw.) in gleicher Weise Nutzen zogen.

Den bereits erwähnten Fortschritten in der Durchbildung der Heizwand und der Gasführung (Dr. C. Otto) reiht sich die Erfindung der
Einzelregeneratoren durch H. Koppers, Essen, wohl als die be-
merkenswerteste Neuerung auf diesem Gebiete an; sie ermöglicht es
auch, die Heizwand unmittelbar ohne Verteilungskanäle mit den Wärmespeichern zu verbinden. Die Erbauung der Verbundöfen zur wahlweisen
Beheizung mit Leuchtgas oder mit Schwachgas (Generatorgas) war
wesentlich abhängig von der wirkungsvollen Ausnutzung des Raumes
unter den Öfen.

Neben der weitgehenden Mechanisierung des Betriebes hat man
sich beim modernen Ofenbau insbesondere von drei Richtlinien leiten
lassen, nämlich der Erhöhung der Kammerleistung, der Verminderung
des Bedarfes an Unterfeuerung und der Verbesserung der Gas- und Koksqualität.

Was die Beheizung der Öfen betrifft, so ist bekanntlich eine möglichst gleichmäßige Abgarung des ganzen Kammerinhaltes anzustre-
ben, was mit zunehmender Ofenhöhe schwieriger wird. Allerdings spielt
letzterer Umstand wohl nicht die Rolle wie bei den Kokereiöfen als solchen, bei denen die immer weitergetriebene Erhöhung der Öfen von der
Erreichung möglichst maximaler Kammerleistungen diktiert wurde. Zur
Erzielung einer gleichmäßigen Durchgarung des Kokskuchens in der
Vertikalen hat man verschiedene Wege eingeschlagen, wie bei den einzelnen Ofenbauarten noch ausgeführt werden wird. Dabei ist beim
Betrieb mit Schwachgas (Generatorgas) infolge der größeren Flammen-
länge schon an sich eine verhältnismäßig gleichmäßigere Beheizung zu
erreichen.

Über die Gleichmäßigkeit der Abgarung des Kammerinhaltes in
horizontaler und vertikaler Richtung hat neuerdings K. Baum[1]) um-
fangreiche Untersuchungen an Koksöfen im Betriebe durchgeführt.
Mit Hilfe von durch die Fülllochdeckel der Kammer in verschiedenen
Höhen über der Ofensohle eingeführten Thermoelementen wurde der
Temperaturanstieg an den verschiedenen Stellen der Längsmittelebene
des Ofens (Koksnaht) in Abhängigkeit von der Zeit festgestellt. Bei
gleichmäßiger Abgarung wird die Endtemperatur in der Koksnaht an
allen Meßstellen gleichzeitig erreicht. Zufolge der horizontalen Kammerverjüngung müssen die Heizzugtemperaturen von der Maschinenseite
der Batterie nach der Koksseite entsprechend ansteigen. Die Gleichmäßigkeit der Abgarung ist naturgemäß auch von Einfluß auf den für
die Verkokung erforderlichen Wärmeaufwand.

---

[1]) Glückauf 65 (1929), S. 774 ff., 812 ff. u. 850 ff.

Was die mittleren Heizzugtemperaturen anlangt, so ist man nach Einführung der Silikasteine für den Ofenbau zu immer gesteigerten Temperaturen übergegangen und hat bereits Großraumöfen bei einer mittleren Heizzugtemperatur von 1500° betrieben, die bei einer mittleren Kammerbreite von 450 mm in weniger als 12 Stunden abgegart werden konnten.

Die unten beschriebenen Ofenbauarten haben durchweg senkrecht angeordnete Heizzüge, die im sog. Wechselzug bei etwa halbstündiger Umstellung der Gas- und Luftwege betrieben werden. Hinsichtlich der Führung der Heizgase in den Heizwänden sind zu unterscheiden die Ausführungsform als halbgeteilter Ofen, den Koppers alternativ bei größeren Ofenhöhen auch in Viertelteilung ausgeführt hat, ohne daß aber diese Form auf Gaswerken Anwendung gefunden hat. Als ein weiterer Schritt in der letztgenannten Richtung kann die Ausführung in Zwillingsgruppen gelten (Hinselmann) und schließlich der eigentliche Zwillingszugofen von Otto, der durch kürzere Gaswege und kleine Überführungskanäle gekennzeichnet ist, was ebenso für den Kreisstromofen von Koppers gilt. Über die grundsätzlichen Unterschiede hinsichtlich der Beheizung in zwei Wandhälften und der Zwillingszugbeheizung berichten Hilgenstock und Demann[1]) unter Hinweis auf den Fortfall des Horizontalkanals, wodurch insbesondere das Auftreten nachteiliger Druckunterschiede zwischen Heizwand und Kokskammer vermieden wird.

Bei gegebenen Abmessungen der Ofenkammer ist deren Leistung abhängig von der je Quadratmeter und Stunde von den Wänden auf die Beschickung übertragenen Wärmemenge. Letztere steigt naturgemäß mit der Betriebstemperatur der Kammerwände bzw. der Heizzüge. Über das Anwachsen des Wärmedurchganges durch die Koksofenwand in Abhängigkeit von steigenden Heizzugtemperaturen macht Koppers nähere Angaben[2]). Anstatt auf die übertragene Wärmemenge kann die spezifische Heizflächenleistung auch auf die je Quadratmeter und Stunde verkokte Kohlenmenge bezogen werden[3]).

Unter im übrigen gleichen Verhältnissen hängt jedoch die auf den Kammerinhalt übertragene Wärmemenge auch noch von der jeweiligen Kammerbreite ab, indem bei schmäleren Kammern je Quadratmeter und Stunde mehr Wärme auf den Kammerinhalt übertragen wird. Diese Erscheinung hat ihren Grund in der größeren Verkokungsgeschwindigkeit, die sich bei dünneren Kohleschichten (Schmalkammern) gegenüber dickeren (breitere Kammern) zeigt, da ja mit zunehmender Abgarung des Kammerinhaltes der von der Wärme zurückzulegende Weg und damit der Wärmewiderstand zusehends größer wird. Für die Abhängig-

---

[1]) Techn. Blätter der Deutschen Bergwerks-Ztg. 1926, S. 177.
[2]) Koppers Mitteilungen 3 (1921), Heft 2, S. 44.
[3]) Koppers Mitteilungen 9 (1927), S. 15.

keit der Verkokungsgeschwindigkeit von der Ofenbreite gibt Koppers folgende Vergleichszahlen:

Breite (in mm)	v (in mm)	v (in %)	Garungszeit (in Stunden)
500	10,40	100,0	24
450	10,75	104,0	21
350	14,60	140,5	12
300	16,00	160,0	9

Hiernach verhalten sich die Garungszeiten etwa wie Quadrate der Kammerbreiten, gleiche Heizzugtemperatur und Koksendtemperatur vorausgesetzt. Diese rein empirischen Feststellungen wurden neuerdings von Litterscheidt[1]) theoretisch begründet und bestätigt.. Das hierfür aufgestellte Diagramm (Koksendtemperatur 950°) ist in Abb. 3

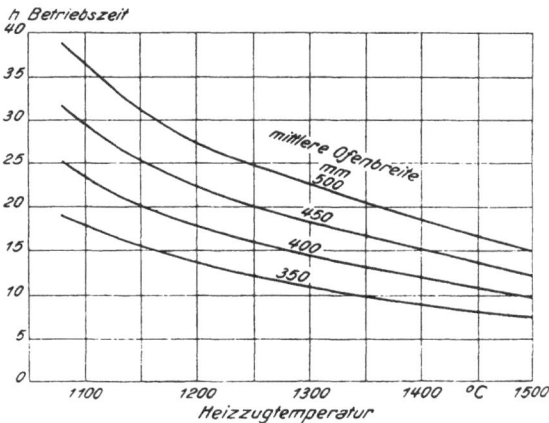

Abb. 3. Abhängigkeit der Betriebszeit von der Heizzug-temperatur und Ofenbreite.

wiedergegeben. Ferner sei auf diesbezügliche Berechnungen von W. Lohrisch[2]) verwiesen.

In den mit abnehmender Kammerbreite abnehmenden Garungszeiten kommt die wachsende Leistung der Heizflächeneinheit zum Ausdruck. Dabei ist noch der Umstand zu berücksichtigen, daß sich, auf die gleiche bauliche Grundfläche bezogen, bei schmäleren Kammern gegenüber breiteren Kammern eine wesentlich größere Gesamtheizfläche unterbringen läßt, was ebenfalls einen entsprechend größeren Kohlendurchsatz bedeutet.

Auf den Einfluß der Kammerbreite, d. h. der schmäleren und schneller abgarenden Kammern auf die Koksstückigkeit, wurde bereits oben kurz hingewiesen.

[1]) Glückauf 70 (1934), S. 111.
[2]) Feuerungstechnik 16 (1928), S. 133 ff.

Nach Versuchen von Koppers in einer Horizontalkammerofenanlage auf dem Gaswerk Stockholm (Baujahr 1914), wobei Öfen mit einer Kammerbreite von 450 bzw. 350 mm vorhanden waren, ergaben sich bei Verarbeitung der gleichen Kohlensorte hinsichtlich Koksstückigkeit folgende Vergleichszahlen:

| | | Kammerbreite 450 mm | | Kammerbreite 350 mm | |
		einzeln %	gesamt %	einzeln %	gesamt %
über	80 mm	52,5	52,5	41,4	41,4
45—80	»	33,0	85,5	41,4	82,8
25—45	»	7,8	93,3	9,8	92,6
15—25	»	2,0	95,3	2,2	94,8
0—15	»	4,7	100,0	5,2	100,0
		100,0		100,0	

Dieser interessante Versuch zeigt, daß der Einfluß der Kammerbreite sich nur auf das Verhältnis der Kokskörnungen über 80 mm und von 45 bis 80 mm auswirkt. Bei den breiteren Öfen mit 450 mm mittlerer Kammerbreite ist der Koksanteil über 80 mm größer als der von 45 bis 80 mm, während bei den Öfen von 350 mm Kammerbreite der Anteil dieser beiden Kokskörnungen praktisch gleich ist. Hieraus ist ersichtlich, daß die Kammerbreite kaum Einfluß auf den Kleinkoksanfall hat. Was den Koks mit einer Körnung über 80 mm anlangt, so kann derselbe nicht in dieser Größe verkauft, sondern muß gebrochen werden.

Was die Übertragung der zur Verkokung der Kohle erforderlichen Wärme von den Heizgasen in den Heizzügen durch die Kammerwand auf die Kohlebeschickung anlangt, so interessieren mit Rücksicht auf die Garungszeit die entsprechenden Wärmeleitzahlen der verschiedenen Stoffe. Drückt man die Wärmeleitzahl in technischem Maße aus, das ist die stündlich durch 1 m² Fläche des Stoffes zu einer anderen im Abstand von 1 m übertretende Wärmemenge (in kcal) bei 1° Temperaturunterschied beider Flächen, so gelten hierfür etwa folgende Werte[1]):

Chamotte (bei 1000°) 0,82
Silika (bei 1000°) 1,19
Kohle (in Form von Feinkorn zum Verkoken) 0,12
Kohle (am zusammenhängenden Stück) . . 0,23
Koks (im Ofen) . $\begin{cases} 2,30 \text{ (bei 500°)} \\ 2,76 \text{ (bei 875°)} \end{cases}$

Wie ersichtlich, beträgt die Wärmeleitfähigkeit geschütteter Kohle nur etwa $^1/_7$ bis $^1/_{10}$ derjenigen der Kammerbaustoffe.

Versuche zur Ermittlung der Wärmeleitzahlen (λ) verschiedener Steinmaterialien wurden von Kubach[2]) durchgeführt, und zwar wurden

---

[1]) Vgl. u. a. Handbuch der Brennstofftechnik. Essen 1928, S. 107 f.
[2]) Glückauf 61 (1925), S. 269 ff.

im praktischen Betriebe an Koksofenbatterien die Leitfähigkeiten für Chamotte und Silika ermittelt. Hierbei wurde der Unterfeuerungsverbrauch gemessen sowie die Abhitze festgestellt. Die Leitungs- und Strahlungsverluste der Batterie wurden allerdings außer acht gelassen, was jedoch den Vergleich der erhaltenen Zahlenwerte kaum beeinflußt. Temperaturmessungen erfolgten stündlich im Horizontalkanal der Heizzüge und an der Kammerwandseite.

Die Wärmeleitzahlen werden berechnet nach

$$\lambda = \frac{(W - Sv) \cdot D}{F \cdot G\,(T_1 - T_2)}\,,$$

wobei W die zugeführte Wärme in kcal,

Sv der Wärmeverlust durch den Schornstein in kcal,

D die Stärke der Steinwand gleich der Länge des Wärmeweges in m,

T_1 die Wandtemperatur im Heizzug,

T_2 die Wandtemperatur in der Ofenkammer,

G die Garungszeit in Stunden,

F die wärmeabgebende Fläche in m² ist.

Die je Quadratmeter und Stunde durch die Kammerwand übertragenen Wärmemengen ($W_{\ddot{u}}$) werden errechnet nach:

$$W_{\ddot{u}} = \frac{W - Sv}{F \cdot G}\,.$$

Die Versuchsergebnisse sind in der folgenden Übersicht aufgeführt:

Steinmaterial	Silika	Schamotte	Silika	Schamotte	Silika	Schamotte	Silika	Schamotte
Wärmeübergang in kcal je m² und h	3634	3438	3890	3450	4065	3389	4111	3645
Wärmeleitzahl (λ) der Kammersteine . . .	1,71	1,54	1,76	1,62	1,83	1,57	1,84	1,70

Daraus ergibt sich die größere Wärmeleitfähigkeit des Silikasteines gegenüber Chamotte, die rd. 15% mehr beträgt, und zwar unter gleichen Bedingungen, indem sowohl die Heizflächen als auch die Wärmewege sowie die Temperaturen gleich gewesen sind. Lediglich die Gaszufuhren waren verschieden, insofern den besser leitenden Silikawänden vergleichsweise mehr Heizgas zugeführt werden konnte, weil ja die Wärme schneller abgeleitet wurde. Trotz der erhöhten Wärmezufuhr wurden die Wandtemperaturen nicht erhöht, als Zeichen der besseren Wärmeleitfähigkeit und demzufolge kürzeren Garungszeit. Auch anderwärts wurden ähnliche Feststellungen[1] gemacht.

---

[1] Gas- und Wasserfach **67** (1924), S. 359.

Wie eine einfache Überlegung zeigt, würden bei Berücksichtigung der Leitungs- und Strahlungsverluste die Wärmeleitzahlen niedriger sein. Was die Wärmeleitzahl für die Kammerfüllung anlangt, so ergibt sich aus den Versuchen von Kubach, daß diese die Wärme besser leitet als die Steinmaterialien (Chamotte bzw. Silika). Das würde bedeuten, daß durch ein noch besser leitendes Steinmaterial eine weitere Abkürzung der Garungszeit erfolgen könnte, da die Kammerwände den größeren Wärmewiderstand besitzen (vgl. hingegen die unten folgenden Ergebnisse von Terres).

Zusätzlich wurde zu diesem Zwecke die mittlere Temperatur in der Mitte des Kohlekuchens (T_3) festgestellt, die etwa 274° war, wobei die Länge des Wärmeweges in der Kammer ($d = $ halbe Kammerbreite) 0,26 m betrug, bei einer Garungszeit von etwa 33 Stunden. Die Wärmeleitzahl für den Kammerinhalt beträgt hiernach:

$$\lambda = \frac{(W - S\,v)\cdot d}{F\cdot G\,(T_2 - T_3)}.$$

Aus drei Versuchen ergibt sich als Mittel eine Wärmeleitzahl von rd. 2,0 für den Kammerinhalt.

Demgegenüber wurden für Koks, und zwar in dem Zustande, wie er sich in der Kammer befindet, die Wärmeleitzahl im Mittel mit 2,76 bei durchschnittlich 875° festgestellt.

Neuere Untersuchungen über diesen Gegenstand auf Grund von Laboratoriumsversuchen wurden insbesondere von Terres und Mitarbeitern[1]) angestellt, und zwar mit Steinkohlen von verschiedenen Körnungen sowie am Stück, ferner mit Koks von verschiedenen Körnungen und verschiedenem Ausgarungsgrad. Hiernach beträgt die Wärmeleitfähigkeit der geschütteten Kohle nur den achten bis sechsten Teil derjenigen von Chamotte (siehe oben). Die Korngröße des Materials ist von großem Einfluß. Die bereits oben angegebenen Zahlen sind als Mittelwerte den Ergebnissen entnommen und in technisches Maß umgerechnet worden. Bedeutend größere Werte als Kohle ergibt ausgegarter Koks. Auch hier ergibt das gröbere Korn höhere Werte. Bei höheren Temperaturen kann Koks größere Wärmeleitzahlen erreichen als Chamotte.

Wichtig erscheinen die Wärmeleitzahlen für den stetigen Übergang von Kohle von 20° in Koks von 1000°, wie er in der Kammer stattfindet. Diese Werte sind an zusammenhängenden Koksstücken, die bei verschiedenen Verkokungstemperaturen erhalten wurden, ermittelt worden. Dabei sind die Einzelwerte verschieden je nach Porosität des entstandenen Kokses. Der geblähte Koks hat die niedrigsten, der dichte Hüttenkoks die höchsten Wärmeleitzahlen.

---

[1]) Gas- und Wasserfach **72** (1929), S. 361 ff.; Brennstoffchemie **13** (1932), S. 221.

Terres hat so für verschiedene Kohlen den Anstieg der Wärmeleitzahl mit steigender Temperatur ermittelt und für die erhaltenen Kurven Näherungsformeln aufgestellt, die die Kurven in befriedigender Weise wiedergeben. Für Gaskohle, die einen mittelharten Koks ergibt, ist hiernach die mittlere Wärmeleitzahl in Abhängigkeit von der Verkokungsendtemperatur:

$$\lambda = 0,0003 + 0,0013 \times 10^{-3} \, t^2 + 0,0015 \times 10^{-6} \, t.$$

Für eine Verkokungsendtemperatur von 1000⁰ errechnet sich hieraus eine mittlere Wärmeleitzahl von 0,0031 im absoluten Maß bzw. von 1,116 im technischen Maß.

Nach diesen Versuchen würde also die mittlere Wärmeleitzahl des Kammerinhaltes nur etwa halb so hoch sein wie bei den oben erwähnten technischen Versuchen von K u b a c h.

Weiterhin errechnet T e r r e s auf Grund der laboratoriumsmäßig festgestellten Verkokungswärmen, d. h. der Wärmemenge, die zur Überführung von Kohle in Koks von einer bestimmten Temperatur erforderlich ist, unter Zuhilfenahme der Wärmeleitzahl die Garungszeit. Der hierfür formelmäßig angegebene Ausdruck lautet in etwas übersichtlicherer Darstellung, wobei zugleich der Zusammenhang mit der Berechnung von Kubach augenscheinlich hervortritt:

$$\lambda = \frac{V \cdot M \cdot d}{G \cdot dt},$$

$V =$ Verkokungswärme (im Laboratoriumsversuch festgestellt), in kcal je kg Kohle,

$M =$ Gewicht der Kohle je m² Kammerwand in kg, bezogen auf die halbe Kammerbreite, bei einem Schüttgewicht der Kohle von 0,8 t/m³,

$d =$ halbe Kammerbreite,

$G =$ Garungszeit in Stunden,

$dt =$ mittlere Verkokungstemperatur in ⁰ C,

$\lambda =$ mittlere Wärmeleitzahl bei einer Verkokungsendtemperatur von 1000⁰ (siehe oben).

Bei Einsetzung des obigen λ-Wertes ergibt sich dann für eine 0,480 m breite Kammer und eine Verkokungswärme von 325 kcal/kg Kohle

$$G = \frac{V \cdot M \cdot d}{\lambda \cdot dt} = \frac{325 \cdot 192 \cdot 0,24}{1,116 \cdot 500} = 26,84 \text{ Stunden.}$$

Hierzu bemerkt Terres, daß in Anbetracht der Kleinheit der Wärmeleitzahlen von Kohle und Koks, die von denen von Chamotte und Silika nur wenig abweichen, es auch bei Verwendung eines besser leitenden Baustoffes für die Kammern nicht möglich wäre, die Ausstehzeit wesentlich zu verkürzen, da das Kohle- und Koksmaterial selbst dem Wärmedurchgang den größeren Widerstand entgegensetzt.

In einer umfangreichen Arbeit hat zuletzt Litterscheidt[1]) die Frage der Ausstehzeit behandelt. Auch hierbei wird die Wärmefortpflanzung in dem Kammereinsatz vornehmlich auf Wärmeleitung zurückgeführt. Als maßgebende Kenngröße bei dem zeitlich veränderlichen Wärmestrom in der Kammer wird die Temperaturleitfähigkeit angegeben. Hiernach ist:

$$a = \frac{\lambda}{c \cdot \gamma},$$

wobei a die Temperaturleitzahl in m^2/h, λ die Wärmeleitzahl in kcal/m h ^{0} C, ferner c die spezifische Wärme in kcal/kg ^{0} C und γ die Dichte des Stoffes in kg/m^3 bedeutet. Die Temperaturleitfähigkeit des Kammereinsatzes, die als Maß der Aufheizgeschwindigkeit des Kammerinhaltes bei gegebenen Temperaturverhältnissen angesehen werden kann, wird aus Messungen des Temperaturanstieges in der Mitte der Kammer festgestellt, wobei die von Baum und anderen vorgenommenen Temperaturmessungen an Koksöfen benutzt werden. In Abhängigkeit von der Heizzugtemperatur ergibt sich beispielsweise bei 1200^0 (Temperatur der Heizzugsohle) eine Temperaturleitfähigkeit von 0,0016, bei 1500^0 eine solche von 0,0026. Anschließend sind unter Zuhilfenahme der Wärme-

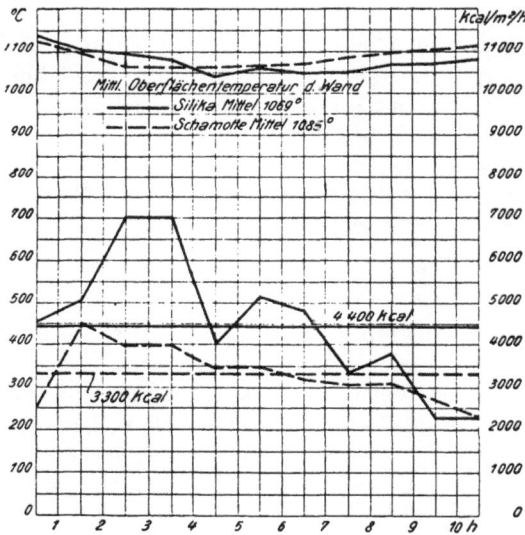

Abb. 4. Übertragene Wärmemengen (nach Rummel u. Steinschläger).

bilanzen von Koksöfen die Wärmeleitfähigkeit und die scheinbare spezifische Wärme des Kammereinsatzes bestimmt worden. Hierbei ergeben sich Wärmeleitzahlen von etwa 0,3 bis 0,6 kcal/m h ^{0} C und scheinbare spezifische Wärmen von etwa 0,350 bis 0,400.

Nach diesen Untersuchungen üben Kohlenart, Wassergehalt und Schüttgewicht der Kohle keinen Einfluß auf den Temperaturanstieg in der Kammer und damit auf die Garungszeit aus. Auf Grund der in der Originalarbeit im einzelnen angegebenen Auswertungen ist die Ausstehzeit abhängig von der Heizzugtemperatur, der erforderlichen Verkokungsendtemperatur in der Mitte der Kammer und dem Quadrat der

---

[1]) Glückauf **70** (1934), S. 77ff. u. 106ff.; ebenda **71** (1935), S. 173ff.

halben Kammerbreite. Die aufgeführten Beispiele zeugen von einer guten Übereinstimmung der berechneten mit den betriebsmäßig festgestellten Werten.

Rummel und Steinschläger[1]) haben versuchmäßig die auf die Beschickung übertragene Wärmemenge je m² Kammerwand und Stunde vom Beginn der Füllung bis zur vollzogenen Abgarung, also in Abhängigkeit von der fortschreitenden Garung, festgestellt, und zwar sowohl für Silika als auch für Chamotte. Das aufschlußreiche Diagramm ist in Abb. 4 wiedergegeben. Abgesehen von einem anfänglich auftretenden Maximum an übertragener Wärme klingen die Kurven im großen und ganzen mit dem Fortschritt der Garung ab. Die größere Wärmeleistung von Silikawänden im Vergleich zu Chamottewänden kommt darin zum Ausdruck, daß gegenüber einer Übertragung von im Mittel 4400 kcal/m²/h nur eine solche von 3300 kcal festgestellt worden ist (siehe hierzu die oben aufgeführten Vergleichsversuche von Kubach).

2. Zersetzungs- und Verkokungswärmen von Kohlen, Wärmebilanzen, Unterfeuerungsverbrauch, feuerungstechnischer Wirkungsgrad der Koksöfen, Einfluß der Kohlennässe.

Ein in letzter Zeit besonders viel umstrittenes Problem bezieht sich auf die Frage der Zersetzungswärme der Kohle während der Verkokung, da von deren positivem bzw. negativem Betrag die Verkokungswärme und damit der Unterfeuerungsaufwand je kg zu verkokender Kohle beeinflußt wird. Um diesen zahlenmäßig zumeist nicht näher bekannten Einfluß bei Beurteilung der Ofengüte hinsichtlich ihrer wärmewirtschaftlichen Seite auszuschalten bzw. diese eindeutig zu kennzeichnen, hat man vorgeschlagen, neben dem Unterfeuerungsverbrauch den feuerungstechnischen Wirkungsgrad des Koksofens zu bestimmen.

Hinsichtlich der laboratoriumsmäßigen Bestimmung der Zersetzungs- bzw. Verkokungswärmen von Steinkohlen sind insbesondere die neueren Untersuchungen von Terres und Mitarbeitern[2]) zu erwähnen. Bezüglich früherer Untersuchungen sei auf eine zusammenfassende kritische Behandlung des Schrifttums verwiesen[3]). Zu den Feststellungen von Terres haben K. Baum und W. Litterscheidt[4]) kritisch Stellung genommen und insbesondere den zuweilen eigentümlichen Verlauf der von Terres aufgestellten Kurven der Zersetzungs- bzw. Verkokungswärmen auf Meßfehler, d. h. auf Streuungen der Messungen

---

[1]) K. Baum, Glückauf **65** (1929), S. 814.
[2]) Terres u. Wolter, Gas- u. Wasserfach **70** (1927), S. 1, 30, 53, 81; Terres u. Meier, ebenda **71** (1928), S. 457, 519; Terres, ebenda **72** (1929), S. 361; Terres u. Voituret, ebenda **74** (1931), S. 97, 122, 148, 178; Terres u. Doermann, Brennstoffchemie **13** (1932), S. 221.
[3]) H. Hock u. H. Stuhlmann, Glückauf **64** (1928), S. 1445.
[4]) Brennstoffchemie **13** (1932), S. 386 ff.

zurückgeführt, zumal es sich hierbei um eine Restbestimmung handelt, wobei alle übrigen Fehler in Erscheinung treten. Sie kommen zu dem Schluß, daß der zur Verkokung erforderliche Mindestwärmeaufwand nur durch genaue Messungen an einem Ofen im Großbetrieb festgestellt werden kann. Nachprüfende Versuche von Terres und Johswich[1]) haben ergeben, daß bei der Bestimmung in der Tat größere Fehler auftreten können, weshalb das Meßspiel bei weiteren Versuchen weitgehend herabgedrückt worden ist. Von Belang erscheint auch die Feststellung, daß sich die Verkokungswärme einer Kohlenmischung additiv aus den Verkokungswärmen der Komponenten zusammensetzt[2]).

Während man früher in die Wärmebilanz der Öfen auch den Einsatz, d. h. die zu verkokende Kohle, und auf der anderen Seite die Heizwerte der Verkokungserzeugnisse mit aufgenommen hat, ist man neuerdings sinngemäß dazu übergegangen, anstatt kombinierte Stoff- und Wärmebilanzen auch hier (wie etwa bei einem Martinofen) lediglich Wärmebilanzen[c]) aufzustellen. Denn die Kohle ist im Falle der Verkokung kein Brennstoff, sondern ein zu veredelnder Rohstoff. Hiernach wird also der in Form von Heizgas erfolgte Wärmeaufwand der in die Kokskammer übergetretenen Wärmemenge zuzüglich den durch Abgase sowie durch Leitung und Strahlung der gesamten Batterie bedingten Wärmeverlusten gegenübergestellt. Die in die Kammer übergetretene Wärme, die sog. Nutzwärme, findet sich in den verschiedenen Verkokungserzeugnissen (heißer Koks, Gas, Teerdämpfe, Wasserdampf).

Solange man jedoch insbesondere hinsichtlich der meßtechnischen Seite nicht in der Lage war, die verschiedenen Einzelposten der ausgebrachten Wärme mit genügender Sicherheit zu erfassen, hat man als Kennzahl für die Wärmewirtschaft der Öfen bzw. der Batterie lediglich den Wärmeaufwand je kg durchgesetzter Kohle angesehen. Daneben hat sich, und zwar ausgehend von den Vorschlägen von Rummel und Oestrich[4]), neuerdings auch die Kennzeichnung der Öfen durch ihren feuerungstechnischen Wirkungsgrad eingeführt. Dieser ergibt sich aus dem Verhältnis der Nutzwärme (W_2) zu der gesamten, in Form von Heizgas zugeführten Wärme (W_1).

$$\eta = \frac{W_2}{W_1} \cdot 100\,^0/_0.$$

[1]) Diss. Friedr. Johswich, T. H. Berlin 1936, Über die Verkokungswärme von Steinkohlen verschiedenen Feuchtigkeitsgrades und von Kohlegemischen.

[2]) Ebenda, Schrifttumsverzeichnis, S. 58.

[3]) K. Rummel, u. II. Oestrich, Arch. f. d. Eisenhüttenw. 1 (1927), Heft 6; ferner Glückauf 63 (1927), S. 1809; K. Baum, Glückauf 65 (1929), S. 769, 812, 850; Arch. f. d. Eisenhüttenw. (1929), Heft 12, S. 779; Brennstoffchemie 11 (1930). S. 47; K. Baum u. Litterscheidt, Glückauf 66 (1930), S. 1424; K. Baum, Glückauf 68 (1932), S. 1; Richtlinien für die Vergebung und Abnahme von Koksöfen, herausgeg. vom Bergbau-Verein, Essen, Verlag Glückauf, 1931.

[4]) loc. cit.

Der Ofenwirkungsgrad ist u. a. von der Ofengröße abhängig, ferner von der Kammerbreite bzw. der Garungszeit. Die Verluste durch Leitung und Strahlung werden durch das Verhältnis Ofengröße zu Ofenoberfläche in dem Sinne beeinflußt, daß sie bei kleinen und breiten Öfen groß, bei großen und schmalen Öfen klein sind. Diese Verluste sind im wesentlichen gekennzeichnet durch das Verhältnis von Oberfläche zu nutzbarem Kammerinhalt. Während ein Koksofen von 10 m³ Fassungsraum je t Kohle fast 5 m² wärmeabstrahlende Oberfläche aufweist, geht dieser Anteil bei Großraumöfen von 30 m³ Inhalt auf 2,2 m²/t zurück, und während man bei niedrigen Öfen von 10 m³ Inhalt und 500 mm Breite mit einem Wärmeverbrauch von mindestens 600 kcal je kg Kohle rechnen mußte, beträgt dieser bei Großraumöfen mit je 30 m³ Inhalt nur wenig mehr als 500 kcal[1]). Besonders wenn die Zusammensetzung und das Verhalten der Kohle sich ändert, ist es zweckmäßig, den feuerungstechnischen Wirkungsgrad mit heranzuziehen, da der Verbrauch an Unterfeuerung zu sehr von den verschiedenen Faktoren, wie Verkokungs- (und Zersetzungs-) wärme der Kohle, Wärmeleitfähigkeit von Kohle und Koks, Feuchtigkeit der Kohle usw. abhängt.

Bei den modernen, mit Starkgas bzw. Schwachgas betriebenen Regenerativanlagen ergeben sich hierbei, je nach der Größe der Kammern und ihrer Breite (Garungszeit), Wirkungsgrade zwischen etwa 65 und 75%, bei Verkokungsendtemperaturen von rd. 1000⁰ und Wassergehalten der Besatzkohle von etwa 11%.

Wärmeverbrauch (W_1) kcal je kg feuchter Kohle	513	551
Verkokungswärme (W_2) kcal je kg feuchter Kohle .	347	415
Wirkungsgrad, % . .	65	75

Bei einem mittleren Wärmeverbrauch von etwa 525 kcal/kg Kohle mit 11,5% Wasser, was bei einem durchschnittlichen Wirkungsgrad der Öfen von 70% einer Verkokungswärme von etwa 375 kcal entspricht, stehen bei Eigengasbeheizung mehr als 50% des erzeugten Gases anderweitig zur Verfügung. Bei Schwachgasbeheizung (Generatorgas) ist für den gesamten Wärmeaufwand, also beispielsweise für den Koksverbrauch, außer dem Wirkungsgrad der Ofenkammern naturgemäß noch der Vergasungswirkungsgrad des Generators (65 bis 75%) zu berücksichtigen.

Bei einer durchschnittlichen Verkokungsendtemperatur von 950⁰ in Kokskuchenmitte hat K. Baum[2]) eine mittlere Kennziffer für Ruhrkokereien wie folgt aufgestellt: ·

---

[1]) W. Reerink, Überblick über die Entwicklung der Steinkohlenverkokung in den letzten 10 Jahren, Glückauf **73** (1937), S. 813 ff.

[2]) K. Baum, Glückauf **68** (1932), S. 3.

Koksausbringen (Trockenkoks/Trockenkohle) . . . % 77
Gasausbeute . . . . nm³/t 310
Heizwertzahl (0,310 · H_z = 4150) 1285
Teerausbringen . . . . kg/t 32
Rohbenzole . . . . » 9

Temperaturen (im Mittel)

Koksendtemperatur . . . . ° C 950
Gas, Teer, Benzol. . . . . » 685
Wasserdampf . . . . » 585

Fühlbare Wärmemengen im

Koks . . . . kcal 218,5
Gas . . . . » 75,7
Wasserdampf . . . . » 101,2
Teer . . . . » 12,8
Benzol . . . . » 2,8

insges. kcal 411,0

Dieser Wärmeaufwand beim Verkoken ist in Abhängigkeit von dem jeweiligen Ofenwirkungsgrad in Abb. 5 dargestellt, wobei die Verkokung ohne Wärmetönung verläuft. Werte, die hierbei unterhalb der Kurve liegen, sind durch exothermen Verkokungsverlauf, Werte oberhalb der Kurve durch endothermen Verlauf gekennzeichnet.

In Abb. 6 ist noch das Wärmeschaubild eines Regenerativofens dargestellt, der mit einer Nutzwärme von rd. 70% arbeitet.

In jüngster Zeit wurde auch die Frage hinsichtlich des Einflusses des Wassergehaltes der Kokskohle auf den Unterfeuerungsverbrauch bzw. auf die Verkokungswärme einer kritischen Prüfung unterzogen. Bekanntlich wurden je g Wassergehalt der Kokskohle für die Verdampfung und Überhitzung ein Wärmeverbrauch von 1 kcal eingesetzt. Wenn sonach eine Kohle

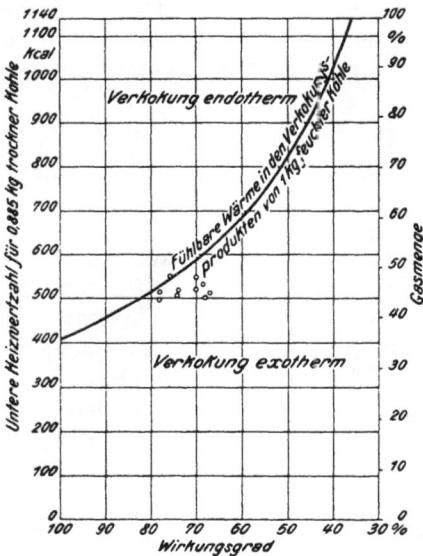

Abb. 5. Wärmeaufwand bei Verkokung ohne Wärmetönung und praktisch ermittelte Werte.

mit 12% Wassergehalt einen Wärmeverbrauch von beispielsweise 531 kcal ergab, wovon die Wasserverdampfung 120 kcal erforderte, so errechneten sich für 0,880 kg Trockenkohle ein Wärmeverbrauch von

531 — 120 = 411 kcal oder 467 kcal je kg Trockenkohle. Solche errechneten Wärmeverbrauchszahlen lagen jedoch erheblich niedriger als die ermittelten Betriebszahlen, die man beim Verkoken von entsprechend wasserarmen Kohlen anderwärts festgestellt hat. H. Koppers[1]) hat darauf hingewiesen, daß die Gase der Vorentgasung der Kohle etwa 5 bis 8% der Kohlefeuchtigkeit verdampfen können, ohne daß hierfür ein besonderer, durch die Beheizung zu deckender Wärmeaufwand erforderlich ist. Hiernach ist die bisher übliche Umrech-

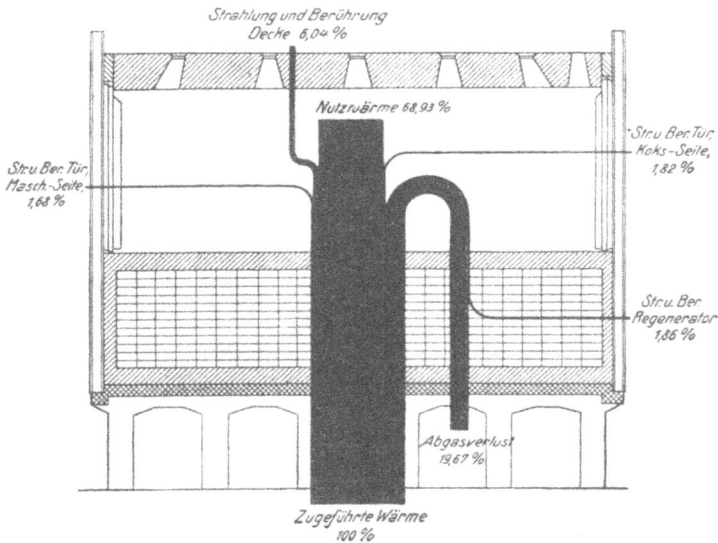

Abb. 6. Wärmeschaubild eines Horizontalkammerofens.

nung des Wärmeverbrauches auf Trockenkohle unrichtig, d. h. sie bedarf einer gewissen Einschränkung und Berichtigung. Es ist daher zwecklos, mit Rücksicht auf den Wärmeverbrauch etwa Kohle unter den sog. optimalen Wassergehalt herab zu trocknen. Entsprechende, von K. Baum[2]) durchgeführte Berechnungen zeigen, daß bis zu 6% Nässe der Wassergehalt im großen und ganzen praktisch ohne Einfluß ist, da der Wärmeaufwand für die Wasserverdampfung den durch die Kohleschicht abziehenden heißen Gasen entzogen werden kann, während der gleiche Betrag an fühlbarer Wärme dieser Gase bei trocken eingesetzter Kohle infolge deren schlechter Wärmeleitfähigkeit nur zu einem geringen Teil als Kohlenvorwärmung in Erscheinung tritt, was für den Verkokungsvorgang selbst als unbedeutend angesehen werden kann. Da ferner die Überhitzung des Wasserdampfes im wesent-

[1]) Koppers Mitteilungen **14** (1932), Heft 1, S. 3ff.
[2]) Arch. f. d. Eisenhüttenw. **6** (1932/33), 263ff.

lichen durch den Wärmeaustausch mit den heißen Rohgasen, die zwischen Teernaht und Kammerwand hochsteigen, erfolgt, ändert sich damit nicht die den Ofen mit den Gasen verlassende Wärmemenge.· Bei Werten über 6% wirkt sich dagegen steigende Nässe immer ungünstiger auf den Wärmeaufwand aus, einmal infolge erhöhten Wärmebedarfes für die zusätzliche Verdampfung von Wasser und zweitens infolge des Minderanteils an »Trockenkohle«.

C. Die Baustoffe für Öfen und Regeneratoren.

1. Eigenschaften, Zusammensetzung, Rohstoffe.

Die Großraum-Horizontalkammeröfen sind auf der Schmalseite liegende, rechteckige Kammern, die in wechselnder Anzahl in Gruppen zusammengefaßt werden, die man als Ofenbatterien bezeichnet. Letztere stellen ein in sich geschlossenes, stabiles, gegen Wärmeverlust weitgehend geschütztes Mauerwerk dar.

Alle Teile des Ofenmauerwerkes, die von den Heizgasen berührt werden, bestehen aus feuerfesten Baustoffen. Im übrigen kann, wie z. B. für die obere Abdeckung der Öfen, gewöhnliches Ziegelmauerwerk Verwendung finden. Zumeist werden zur Verhütung von Wärmeverlusten durch Konvektion und Strahlung an den der Außenkühlung unterworfenen äußeren Teilen des Ofenblockes Isolierungen eingemauert, wie an der Batteriedecke, den Regeneratorstirnwänden, Batterieköpfen, Ofentüren usw.

Der Begriff der feuerfesten Steine ist auch heute noch nicht scharf umrissen, da die Anforderungen an dieselben verschiedenartiger Natur sind. Über 1580° schmelzende Rohstoffe werden als feuerfest, über 1730° schmelzende als hochfeuerfest bezeichnet. Je nach dem Verwendungszweck treten indessen auch andere Eigenschaften der feuerfesten Stoffe mehr oder weniger in den Vordergrund, wie das Verhalten unter Belastung und die Raumbeständigkeit bei hohen Temperaturen, die mechanische Festigkeit und Dichte, das Verhalten gegen Temperaturwechsel, Wärmeleitfähigkeit, Gasdurchlässigkeit, chemische Zusammensetzung usw.

Die ungefähre chemische Zusammensetzung des feuerfesten Stoffes ist durch den Charakter der mit den Steinen in Berührung kommenden Schmelzflüsse, Dämpfe oder Asche bestimmt. So wählt man bei basischen Prozessen tonerdereiche (basische), bei sauren Prozessen kieselsäurereiche (saure) Steine. Die feuerfesten Steine besitzen keinen scharf ausgeprägten Schmelzpunkt, sondern erweichen in einem bestimmten Intervall unterhalb des Schmelzpunktes, das bei tonhaltigen Steinen mehr als 100° betragen kann. Der Schmelzpunkt ist daher kein Maßstab für die Bewährung feuerfester Steine in der Praxis, da er nicht die Temperaturgrenze darstellt, bis zu der der feuerfeste Stoff beansprucht werden darf, besonders dann, wenn zu der Beanspruchung durch Hitze noch eine solche durch Druck hinzukommt. Daher ist es sehr wichtig, das Verhalten feuerfester Stoffe bei hohen Temperaturen unter Belastung zu kennen.

Von den vielen Arten feuerfester Erzeugnisse, insbesondere für den Ofenbau, kommen für Kohlendestillationsöfen, also für Gaswerks- und Kokereiöfen, nur solche in Frage, die in der Hauptsache aus Ton oder Quarziten hergestellt werden. Man kann diese Steine zweckmäßig in drei Gruppen einteilen, die ihrerseits zuweilen wieder in Untergruppen, entsprechend den kleineren Verschiebungen in der Zusammensetzung, unterteilt werden. Da das Verhältnis von Kieselsäure zu Tonerde in der Hauptsache den Charakter bestimmt, sind die gebräuchlichsten Steine etwa wie folgt gekennzeichnet:

	Schamottesteine (basische Steine)	Kieselsäurereiche Schamottesteine (Tondinassteine)	Kalkgebundene kieselsäurereiche Steine (Silikasteine)
Al_2O_3	30—45 %	8—17 %	1— 3 %
SiO_2	50—65 %	80—90 %	94—96 %.

Bei diesen Angaben handelt es sich allerdings nur um Grenzwerte. Bei den basischen Steinen beruht die Schwerschmelzbarkeit auf dem Gehalt an Tonerde, bei den Silikasteinen hingegen auf dem Gehalt an Kieselsäure.

Einige Analysen von Silikasteinen[1]) sind nachstehend aufgeführt und gleichzeitig auch von Silikasteinen zweiter Qualität (sog. Dinassteine), die etwa 2 bis 3% weniger Kieselsäure und entsprechend mehr Flußmittel enthalten.

SiO_2	Al_2O_3	Fe_2O_3	CaO	MgO	Alkalien	Herkunft des Rohmaterials
			Silikasteine			
95,28	2,53	0,64	1,30	0,17	0,08	Sächs. Findlingsquarzit
95,24	2,28	0,27	1,45	0,14	0,62	Westerwälder Quarzit
			Dinassteine			
93,84	3,40	0,34	1,38	0,16	0,88	Koblenz
92,85	3,37	0,33	2,72	0,40	0,62	—
			Tondinassteine			
86,42	11,30	0,87	0,18	0,13	1,10	—
90,61	7,64	0,72	0,03	0,11	0,89	—
			Schamottesteine			
59,28	42,52	1,92	0,20	0,25	1,83	—
52,50	43,60	1,60	0,56	0,48	1,22	—

[1]) L. Litinsky, Kokerei- und Gaswerksöfen, Halle 1928, S. 242 ff.

Die kieselsäurereichen Schamottesteine (Tondinassteine) werden, wie die kalkgebundenen Silikasteine, aus Quarz hergestellt, jedoch tritt an Stelle des Kalkes Ton als Bindemittel.

Ganz anders sind dagegen die (basischen) Schamottesteine, deren Ausgangsstoff Ton ist. Die Tone in der Natur enthalten neben der eigentlichen Tonsubstanz noch Beimengungen, wie unzersetzten Feldspat, Alkalien und Quarz, die als Flußmittel die Erweichungstemperatur herabsetzen. Zufolge des starken Schwindens beim Trocknen und Brennen wird für die Herstellung der Steine bereits gebrannter Ton oder Schamotte mit rohem plastischen Ton (30 bis 40%) als Bindemittel gemischt. Für Spezialsteine mit besonders günstigen Eigenschaften, wie Maßhaltigkeit, Dichte, Temperaturwechselbeständigkeit usw., kann durch besondere Arbeitsweisen der Tonzusatz auf 5 bis 10% herabgedrückt werden. Zufolge ihrer geringen Wärmedehnung sind die hochbasischen Schamottesteine gegen Temperaturwechsel im allgemeinen wenig empfindlich. Unter einer Belastung von 2 kg/cm² liegt der Erweichungsbeginn bei etwa 1250 bis 1350°, der Schmelzpunkt bei etwa 1750°, so daß zwischen beginnender Erweichung und eigentlichem Schmelzen die große Spanne von etwa 500° besteht. Man verwendet daher Schamottesteine an all den Stellen, an denen keine allzu hohen Temperaturen auftreten und häufiger Temperaturwechsel stattfindet, wie z. B. in Regeneratoren, an Ofentüren usw. Über die chemische Zusammensetzung vgl. die vorstehende Zahlentafel.

Gegenüber den eigentlichen Schamottesteinen zeigen die kieselsäurereichen Schamottesteine (Tondinas) höhere Erweichungstemperaturen (1350 bis 1450°). Gegen Temperaturwechsel sind sie unterhalb Rotglut empfindlich.

Als Rohstoff für die Herstellung der Silikasteine als dem bevorzugt verwendeten Baustoff für Ofenkammern dienen Quarzite, die in der Hauptsache aus Kieselsäure bestehen. Die einzelnen Körnchen sind durch ein kieseliges Bindemittel verfestigt. Das Gefüge des Quarzites spielt bei der Herstellung der Steine eine große Rolle, da ein mürbes Gefüge beim Brennen zerfällt. Am besten lassen sich Silikasteine aus sog. Findlingsquarziten herstellen, bei denen die einzelnen Körnchen in einer feinkörnigen Grundmasse eingebettet sind. Da jedoch die Findlingsquarzite nicht in ausreichender Menge zu haben sind, werden die Silikasteine vielfach aus sog. Felsquarziten, die kristallinisches Gefüge haben, hergestellt. Im letzteren Falle ist jedoch besondere Sorgfalt erforderlich.

Die Kieselsäure als Hauptbestandteil der Quarzite tritt in verschiedenen Modifikationen auf, wie Quarz, Tridymit und Kristobalit, deren Beständigkeitsgebiete durch bestimmte Temperaturen begrenzt sind. Die Quarzite »wachsen« im Feuer, was auf dem allmählichen Übergang des Quarzes in Kristobalit bzw. Tridymit bei höheren

Temperaturen beruht, und zwar ist eine vollkommene Umwandlung in Kristobalit mit einer Raumzunahme von 13,7% und in Tridymit von 16,7% verbunden. Die Existenzbereiche überschneiden sich jedoch nicht unerheblich, insofern die Umwandlung in die andere Erscheinungsform auch von der Erhitzungsdauer, der Gegenwart von als Kristallisatoren wirkenden Flußmitteln usw. abhängig ist. Bei der nachfolgenden Abkühlung bleiben die bei höherer Temperatur entstandenen Modifikationen erhalten, d. h. es erfolgt keine Rückumwandlung. Während sich Kristobalit unmittelbar aus Quarz bereits etwa oberhalb 1200 bis 1300° bildet, erfolgt die Bildung von Tridymit nur aus einer Schmelze, wobei der zugesetzte Kalk zusammen mit tonigen Verunreinigungen das Flußmittel bildet. Die Umwandlungsgeschwindigkeit ist von der Korngröße und dem Gefüge abhängig, was besonders für Findlingsquarzite günstig ist.

Entsprechend der Volumdehnung erfolgt eine Abnahme des spezifischen Gewichtes von 2,65 beim Quarz auf 2,33 beim Kristobalit bzw. 2,27 beim Tridymit. Wenn nun der Quarz durch entsprechend lange Einwirkung des Brennfeuers und hohe Temperatur möglichst weitgehend in die anderen Modifikationen mit dem niedrigeren spezifischen Gewicht übergegangen ist, so kann der Stein schließlich volumbeständig werden. Der Grad der erreichten Umwandlung wird durch Bestimmung des wahren spezifi-

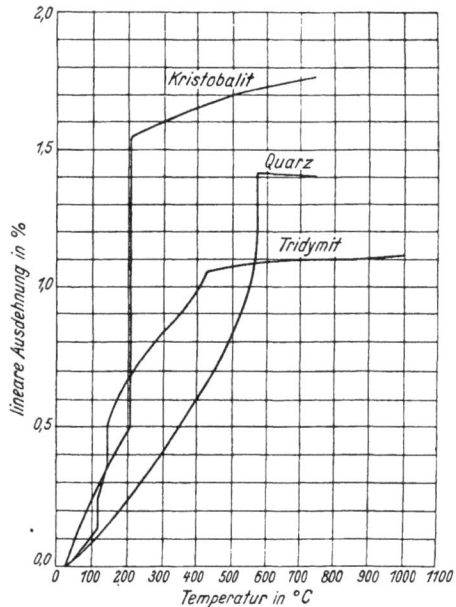

Abb. 7. Lineare Wärmedehnungen der drei Kieselsäureformen nach Travers u. Goloubinoff.

schen Gewichtes des Steinpulvers mittels Pyknometer ermittelt, wobei das spezifische Gewicht umgewandelter Steine rd. 2,35 bis 2,40 beträgt. Da bei jedem weiteren Brande der Steine die Quarzitumwandlung sich fortsetzt, muß beim Bau der Öfen auf die damit verbundene lineare Ausdehnung des Materials von 1 bis 1,5% durch Anordnung von Dehnfugen Rücksicht genommen werden. Je weitgehender die Umwandlung bei der Herstellung erfolgt ist, desto weniger wird das Gefüge des fertigen Ofens gefährdet.

Von dieser »bleibenden Dehnung« der Silikasteine ist verschieden die Wärmeausdehnung, die von dem Wärmeausdehnungskoeffizienten abhängt. Man bezeichnet sie als vorübergehende Dehnung. Sie ist bei Silikasteinen größer als bei Schamottesteinen, bei denen die Wärmedehnung nur etwa 0,5% ausmacht.

Aus dem Diagramm (Abb. 7) geht hervor, daß die Form des Tridymits die niedrigste Wärmedehnung und gleichzeitig die geringsten Unstetigkeiten aufweist, so daß die weitmöglichste Umwandlung der Steine in Tridymit erwünscht ist, was durch einen sehr langen Brand bei hohen Temperaturen und in Gegenwart von Kristallisatoren erreicht wird.

Erstklassige Silikasteine zeichnen sich durch hohe Erweichungstemperatur unter Belastung aus, die fast mit dem Schmelzpunkt zusammenfällt. Als Grenze der Beanspruchung gilt bei einseitiger Beheizung eine Oberflächentemperatur von etwa 1550 bis 1700⁰. Unterhalb Rotglut sind die Steine gegenüber Temperaturwechsel sehr empfindlich, darüber aber genügend widerstandsfähig.

Eine weitere, sehr wichtige Frage bei Kohledestillationsöfen ist die der Salzanfressungen. Die in der Kohle befindlichen Salze bestehen hauptsächlich aus Chloriden, Sulfaten und Karbonaten der Alkalien und Erdalkalien, die bei den in den Öfen herrschenden Temperaturen eine hydrolytische Spaltung erleiden. Die entstandenen Hydroxyde bzw. Oxyde bilden nun mit dem Tonerdesilikat der Schamottesteine leicht schmelzende Verbindungen von Tonerdealkalisilikat. Auf diese Weise erfolgt schließlich eine Lockerung des Steingefüges, das mit der Zeit abblättert und so zerstört wird. Bei Silikasteinen hingegen tritt diese Erscheinung kaum ein, so daß hier der gefürchtete »Salzfraß« ausbleibt. Es dürfte dies eine Folge ihrer glatten, regelmäßigen Oberfläche und ihres außerordentlich hohen Kieselsäuregehaltes sein, insofern auf den hohen Kieselsäuregehalt ein geringer Alkalizusatz viel weniger schmelzpunkterniedrigend als auf das Dreistoffsystem bei tongebundenen Steinen einwirkt. Ein dichtes Gefüge hat auch den Vorteil, daß die Steine weniger aufnahmefähig für Kohlenstoffablagerungen sind, die die Struktur des Steines lockern.

2. Herstellung.

Mit der Herstellung von Schamotte- und Silikasteinen befassen sich in Deutschland eine ganze Reihe von Ofenbaugesellschaften, wie z. B. die Fa. Koppers, Essen, in ihren Werken in Elz bei Limburg, im Tonwerk Ratingen, im Silikawerk Düsseldorf-Heerdt, ferner die Fa. Didier in ihrer Steinfabrik in Stettin usw.

Für die Herstellung von Schamottesteinen wird ein Teil des verwendeten Tones zu Schamotte vorgebrannt und diese entsprechend zerkleinert. Getrockneter Ton wird gleichzeitig in Zerkleinerungsmaschinen aufbereitet. Je nach dem Charakter der Steine werden die beiden Stoffe in wechselnden Verhältnissen trocken gemischt und unter Wasserzusatz in Mischmaschinen aufgegeben, wobei Bindeton und Magerungsmittel innig vermengt werden. Die formfertige Masse wird teils von Hand, teils maschinell geformt und anschließend die Formlinge auf Darren oder in Trockenkammern getrocknet. Das Brennen erfolgt in Ringöfen, wobei zunächst die Vorwärmgase und anschließend die Brenngase den ganzen Einsatz gleichmäßig bestreichen. Die Temperaturen der Brennöfen liegen bei etwa 1350 bis 1380°.

Für die Herstellung hochwertiger Silikasteine werden Findlingsquarzite verarbeitet, während bei Steinen, die geringeren Beanspruchungen ausgesetzt sind, den Findlingsquarziten Felsquarzite oder Kohlensandsteine zugesetzt werden. Findlingsquarzite finden sich u. a. in Hessen, im Westerwald und im Siebengebirge mit einem Kieselsäuregehalt von 98 bis 99%. Das von allen anhaftenden Verunreinigungen befreite Rohmaterial wird nach entsprechender Vorbrechung auf Faustgröße in Siebkollergängen, Rohr- und Walzenmühlen weiter zerkleinert. In den Mischkollergängen erfolgt alsdann die innige Vermengung mit Kalkmilch. Die formfertige Masse wird anschließend auf Drehtischpressen oder hydraulischen Pressen geformt. Kompliziertere Steinformungen erfolgen von Hand. Nach der Trocknung mittels Abhitze werden die Steine auf Brennwagen gesetzt und in mittels Generatorgas beheizten Tunnelöfen bis zu einer Höchsttemperatur von 1450 bis 1500° gebrannt.

3. Prüfung.

Die Prüfung erstreckt sich in erster Linie auf das Verhalten bei hohen Temperaturen unter Belastung (2 kg/cm²), zu welchem Zwecke aus den Steinen herausgebohrte zylindrische Prüfkörper hergestellt werden. Zur Beurteilung des Umwandlungsgrades des Quarzes dient, wie bereits ausgeführt, die Bestimmung des wahren spezifischen Gewichtes des Steinpulvers. Auch werden von den Steinen Dünnschliffe hergestellt und diese unter dem Polarisationsmikroskop geprüft. Ferner wird die Druckfestigkeit bei gewöhnlicher Temperatur mittels einer hydraulischen Presse bestimmt. Durch sog. Nachbrennversuche bei etwa 1700° wird die Raumbeständigkeit ermittelt, ebenso wird die Wärmedehnung bis zu Temperaturen von etwa 1000° festgestellt. Sowohl die Rohstoffe als auch die Steinerzeugnisse werden hinsichtlich ihrer chemischen Zusammensetzung untersucht.

D. Bauweise und Inbetriebsetzung der Horizontalkammeröfen.

1. Heizzüge und Kammerwände.

Die bauliche Seite der Öfen richtet sich allgemein nach den örtlichen Verhältnissen sowie nach den Ofenabmessungen und nach der Leistung. Sämtlichen Ofenbauarten ist gemeinsam, daß von der Maschinenseite aus die Breite der Kammern nach der Koksseite hin allmählich um etwa 50 mm zunimmt (horizontale Kammerverjüngung), damit das Ausdrücken des Kokses leichter vonstatten geht. Die Angaben hinsichtlich der Kammerbreite beziehen sich auf die mittlere Breite. Im übrigen ist der Aufbau der Kammern und Heizzüge bei den einzelnen Systemen recht unterschiedlich. Die Stärke der für den Kammerbau verwendeten Läufersteine, also die Wandstärke der Heizwände, schwankt beispielsweise etwa zwischen 60 bis 125 mm. Das gleiche gilt auch für die Stärke der die einzelnen Heizzüge voneinander trennenden Binder, die sich in den Grenzen von etwa 100 bis 160 mm bewegen.

Die Ofenteilung, das ist die Entfernung von Kammermitte zu Kammermitte, liegt, je nach der Kammerbreite, in den Grenzen von etwa 850 bis 1400 mm, die Heizzugteilung, das ist die Entfernung von Heizzugmitte zu Heizzugmitte, bewegt sich etwa zwischen 300 und 600 mm.

Kennzeichnend ist für die verschiedenen Ofensysteme vor allem die Art des Heizzugverbandes und damit die im speziellen benutzten Steinformen. Dabei sind die Läufersteine durchweg mit Nut und Feder versehen.

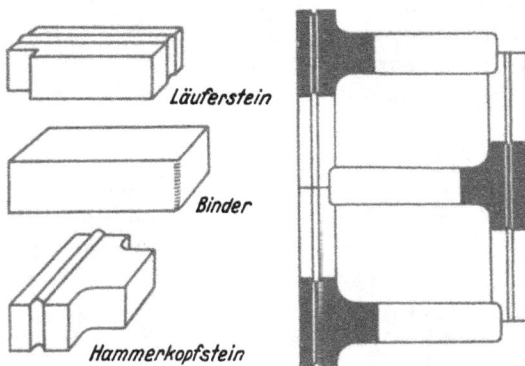

Abb. 8. Koppers Steinverband für Koksöfen.

Der Steinverband von Koppers wird aufgebaut aus Läufersteinen, Bindersteinen und hammerkopfartigen Steinen mit großen Hohlkehlen (Abb. 8). Die Steine sind mit Nut und Feder versehen. Die einzelnen Steine sind von einfacher Gestaltung, so daß bei ihrer Herstellung die größte Gewähr für gute Formgebung und Brand gegeben ist. Die hammerkopfartigen Steine bilden mit ihrem hammerkopfartigen Ende einen Teil der Kammerwand. Der Hammerkopf tritt an die Stelle eines vollen Läufersteines. Das andere Ende des Binders ragt in die gegenüberliegende Läuferwand und bildet durch diese Verzahnung eine gute Verbindung der Binder auch mit der anderen Läuferwand. Der Hammerkopf ist abwechselnd auf der rechten und auf der linken Seite der Heizwand angeordnet, so daß zwischen je zwei hammerkopfartigen Steinen zwei Läufersteine liegen. Die einzelnen Lagen sind gegeneinander um das Maß eines Heizzuges versetzt, so daß sich die einzelnen Läufersteine aufeinanderfolgender Lagen um ihre halbe Länge überdecken.

Als besondere Merkmale des Steinverbandes sind hervorzuheben: Größte Festigkeit durch den Versatz der einzelnen Stoßfugen und durch Anwendung von Nut und Feder, kein Abreißen der Binderköpfe, da diese hammerkopfartig ausgebildet und mit großen Hohlkehlen versehen sind, geringste Gasdurchlässigkeit der Wand durch Verwendung von Steinen mit Nut und Feder, größte Stabilität der Heizwand.

Die Fa. Hinselmann verwendet in Abhängigkeit von den Ofenabmessungen Läufersteine von 100 bis 120 mm Dicke und Binder von

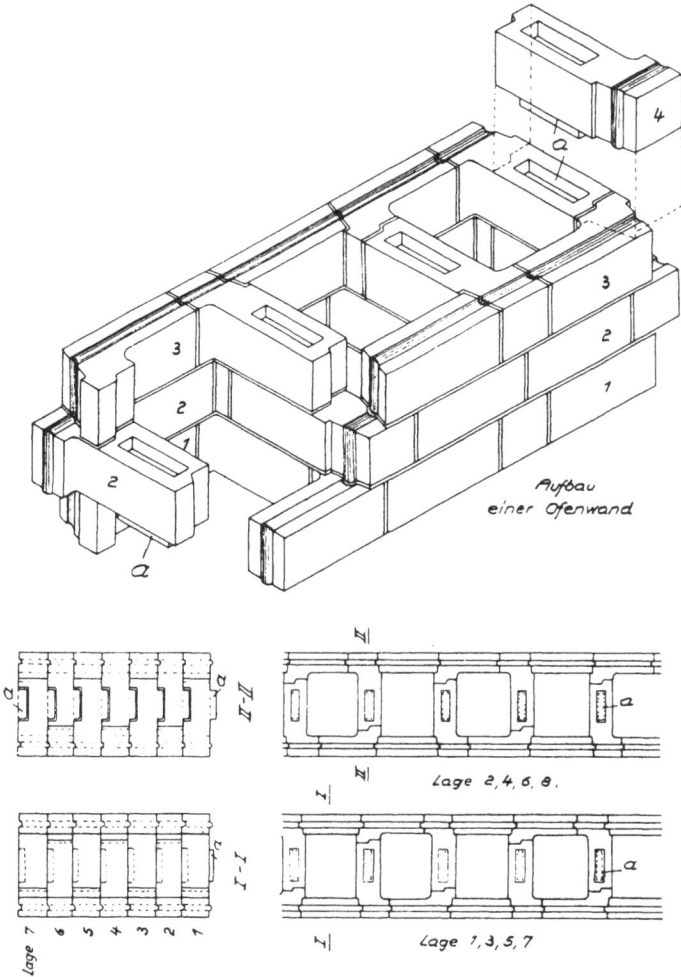

Abb. 9. Hinselmann, neuer Wandverband für Koksöfen.

120 bis 150 mm. Auch hier sind die Läufersteine der Ofenkammerwände mit Nut und Feder versehen. Bei diesem Steinverband erfolgt außerdem eine Verhakung der Bindersteine, die zur Erhöhung der Standfestigkeit und Gasdichtigkeit des Mauerwerksverbandes dient und dabei die erforderliche Elastizität der Wände zuläßt (Abb. 9).

Die Größenabmessungen der Heizzüge werden durch die Ofenabmessungen und die Ofenleistung bedingt. Der Bindermittenabstand schwankt dementsprechend zwischen 400 bis 450 mm. Je nach lichter Ofenkammerbreite und Scheitelhöhe ergibt sich aus dem dabei erforderlichen Mittenabstand der Ofenkammern die Wandstärke mit 600 bis 750 mm und hieraus nach Abzug der Läuferstärken die lichte Heizzugbreite.

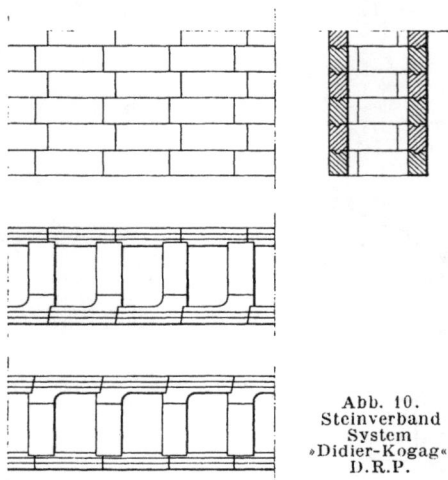

Bei dem Steinverband des Kogag-Ofens ist kennzeichnend, daß gegenüber den sonst gebräuchlichen Steinverbänden die Binderköpfe fortfallen, wodurch sich die Stoßfugen um ein Drittel vermindern. Nut und Feder gehen in der Läuferreihe ununterbrochen durch (Abb. 10). Zwecks gleichmäßiger Abgarung der Kammern in senkrechter Richtung sind die Bindersteine im oberen Teil der Heizzüge ausgebaucht.

Abb. 10.
Steinverband
System
»Didier-Kogag«
D.R.P.

Für die Heizwandkonstruktionen von Collin und Still ist besonders kennzeichnend, daß hierbei hohle Binder verwendet werden, worauf bei der Beschreibung dieser Bauarten näher eingegangen wird.

2. Regeneratoren.

Die Regeneratoren werden sowohl als Sammelregeneratoren, neuerdings jedoch in zunehmendem Maße als Einzelregeneratoren ausgeführt, wobei im letzteren Falle mitunter nicht nur jede Heizwand, sondern jeder Brenner (Otto) seinen eigenen Regenerator erhält. Bei Öfen mit Einzelregeneratoren sind sonach die einzelnen Teile der Beheizung voneinander völlig unabhängig, was eine gesonderte Regulierung ermöglicht. Die Sammel- oder Längsregeneratoren dienen hingegen gleichzeitig auch noch als Wärmeausgleicher innerhalb der gesamten Ofenbatterie. Als Gittersteine wurden früher durchweg einfache prismatische Formen verwendet (Abb. 11a). Bei diesen bestimmt sich die Größe der Heizfläche je m³ Gitterraum aus der Kanalweite und der Steinstärke. Die Heizfläche je m³ Gitterraum ist naturgemäß für den Entwurf von Regeneratoren von großer Bedeutung. Außerdem spielt für die Berechnung des Regenerators die sog. Wärmeaustauschzahl (ε) eine wichtige Rolle, die der Wärmedurchgangszahl (k) bei der Berechnung der Rekuperatoren entspricht. Die Wärmeaustauschzahl ist hierbei diejenige Wärmemenge, welche Abgas und vorzuwärmendes Gas an 1 m² Heizfläche während der Dauer einer Periode austauscht, wenn die Temperaturdifferenz zwischen Abgas und vorzuwärmendem Gas 1º C beträgt. Auf die sehr komplizierte Berechnung der Regeneratoren kann hier im einzelnen nicht eingegangen werden. Vgl. hierüber insbesondere W. Heiligenstaedt[1]). Demgegenüber hat K. Rummel[2]) eine Berechnung der Wärmespeicher auf Grund der Wärmedurchgangszahl (k) durchgeführt.

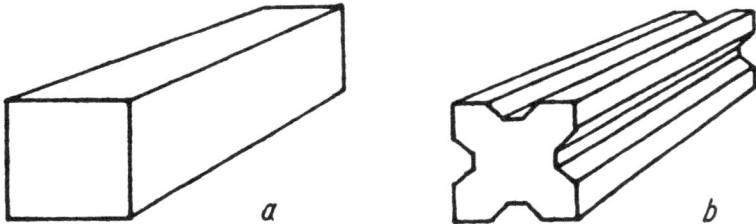

Abb. 11. Hinselmann, a = alter Gitterstein, b = neuer Gitterstein.

Anstatt der einfachen, rechteckigen Gittersteine haben sich neuerdings auch Gittersteine besonderer Formgebung eingeführt (Abb. 11b) die bei gleichen Abmessungen eine größere Berührungsfläche aufweisen und daher die Regeneratorwirkung erhöhen. Ferner wird hierdurch eine Beschränkung der Bauhöhe und damit der Anlagekosten der Regeneratoren erzielt. Auf 1 m³ Regeneratorraum entfallen rd. 0,9 m³ Steinmasse als Wärmespeicher, die bei einem durchschnittlichen spezifischen Gewicht von 1,9 ein Steingewicht von rd. 1,7 t je m³ ausgegittertem Regeneratorraum ergibt.

Die Güte eines Wärmeaustauschers ist bei gegebenen Temperaturverhältnissen durch die Größe der Heizfläche, seine Flächenleistung und die Strömungsverhältnisse bedingt. Die Größe der Heizfläche ist, wie bereits angedeutet, eine rein wirtschaftliche Frage. Für die Heizflächenleistung ist zunächst das richtige Verhältnis der Kanal- zur Steinbreite maßgebend. Das Wesentliche ist jedoch die richtige Strömungsverteilung, denn bei dem Idealfalle der vollkommen gleichmäßigen Verteilung der Gase und ihrer Strömungsgeschwindigkeit im Regenerator ist die somit ebenfalls gleichmäßige Heizflächenleistung größer als die mittlere Heizflächenleistung eines ungleichmäßig beaufschlagten Regenerators.

Um die Dichtigkeit der Regeneratorwände zu gewährleisten, werden hierfür Steine mit Nut und Feder verwendet.

---

[1]) W. Heiligenstaedt, Regeneratoren, Rekuperatoren, Winderhitzer, Leipzig 1931.

[2]) Stahl und Eisen 48 (1928), S. 1712/15.

Für 1 t Kohlendurchsatz in 24 Stunden rechnet man mit etwa 0,8 m³ Regeneratorvolumen, wobei in 1 m³ etwa 1,3 t Gitterwerk enthalten ist. Je nach den Abmessungen der verwendeten Gittersteine und ihrer Form sind naturgemäß Schwankungen vorhanden.

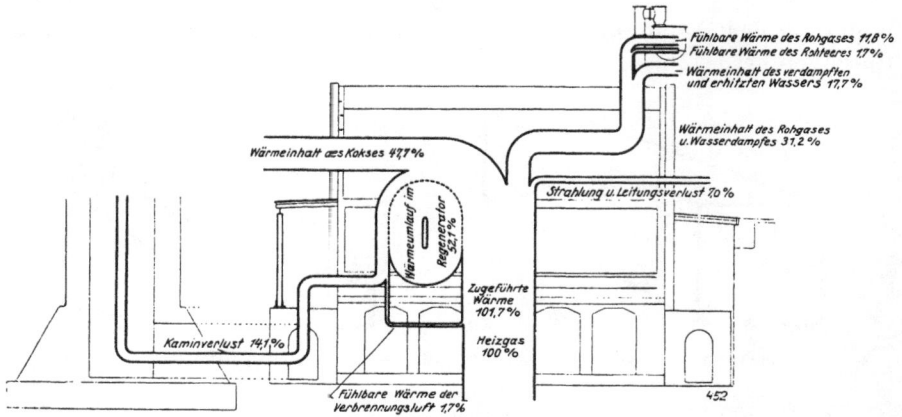

Abb. 12. Wärmestrombild eines Regenerativ-Koksofens.

Über das Wärmestrombild eines Regenerativofens, insbesondere hinsichtlich des Wärmeumlaufs im Regenerator, vgl. Abb. 12.

3. Spezielle Verwendung der Baustoffe.

Das für den Aufbau der Ofenkammern und der unter denselben liegenden Regeneratoren zur Verwendung kommende feuerfeste Material muß den im Koksofenbetrieb auftretenden mechanischen und sonstigen Beanspruchungen weitgehendst entsprechen. Für die Ofenwände findet heute ausschließlich hochfeuerfestes Silikamaterial Verwendung, das den in Frage kommenden höchsten Temperaturbeanspruchungen genügt und gegen Angriffe des in der Kohle enthaltenen Wassers widerstandsfähiger ist. Aus demselben Baustoff wird die Ofensohlepartie hergestellt. Für die Regeneratorwände verwendet man zumeist ein hochsaures Schamottematerial, das den in den Regeneratoren herrschenden Temperaturschwankungen besser standhält. Im übrigen werden die in feuerfesten Stoffen auszuführenden Teile einer Ofengruppe aus Schamottematerial hergestellt, das für die mehr oder minder beanspruchten Ofenteile genügt. Für die dem mechanischen Verschleiß unterworfenen Teile verwendet man häufig Sonderqualitäten aus Schamotte.

Als Mörtel für Schamottesteine wird häufig eine Mischung von Ton, Schamotte und Sand im Verhältnis 50 : 25 : 25% verwendet. Ein Mörtel für Silikasteine besteht z. B. aus 10% plastischem Ton, 30% Schamotte und 60% Ganister oder auch aus einer Mischung von feingemahlenem Ganister mit etwa 5% Kalk[1]).

Zur Verhütung von Wärmeverlusten durch Strahlung werden an den der Außenkühlung unterworfenen Außenteilen des Ofenblocks Isolierungen eingemauert, so an der Batteriedecke, den Regeneratorstirnwänden, Batterieköpfen usw.

Das gefahrlose Zusammenschieben des Ofenblocks ist durch die geeignete Anordnung von Dehnfugen derart gesichert, daß Verschiebungen und Undichtigkeiten nicht eintreten können.

Über weitere bauliche Einzelheiten der Zubehörteile der Ofenanlage vgl. Abschnitt F.

4. Betrieb der Öfen.

Bei der Inbetriebnahme einer Batterie neuer Öfen ist vor allem auf die Schonung des Mauerwerkes Bedacht zu nehmen. Bei zu raschem Erhitzen der Öfen werden zwischen den noch feuchten Steinen Risse gebildet, oder es können sogar Sprünge in den Steinen selbst entstehen, so daß Undichtigkeiten in den Kammern auftreten, was zu schweren Betriebsschädigungen führt. Bei der Austrocknung des Mauerwerks geht man so vor, daß an beiden Seiten der Kammer bei etwas offenstehenden Türen mit Kohle schwach geheizt wird. Diese Trockenperiode soll möglichst ausgedehnt werden, bevor man mit dem eigentlichen Anheizen beginnt. Für die gesamte Anheizzeit kann man zwei bis drei Wochen rechnen. Danach kann das Füllen der Öfen beginnen, allerdings nur nach und nach, weil durch zu rasches Einfüllen kalter Kohle das Mauerwerk zu stark abgekühlt würde. Zu Beginn des Füllens werden zunächst nur wenige, etwa jeder dritte oder vierte Ofen mit Kohle beschickt. Sobald die Öfen zur hellen Rotglut erhitzt sind, können sie mit der ganzen Kohlenladung beschickt werden.

Für die Abkühlung einer Ofenbatterie bei Außerbetriebsetzung gilt genau dasselbe wie für das Anwärmen. Wird die Temperaturstufe unterhalb 600° zu rasch durchschritten, so können die Silikasteine infolge der rasch verlaufenden Volumenänderungen mürbe und rissig werden. Handelt es sich nur um kurze Zeiten, so empfiehlt es sich, die Öfen bei Rotglut zu halten. Im anderen Falle muß sich die Abkühlung unter Rotglut über eine entsprechend lange Zeit erstrecken.

[1]) Feuerfest-Ofenbau 5 (1929), Heft 2, S. 13.

E. Beschreibung der verschiedenen Bauarten von Horizontalkammeröfen (Regenerativverbundöfen).

An sich sind naturgemäß alle auf Zechen- oder Hüttenkokereien gebräuchlichen Regenerativsysteme — nur diese sollen hier beschrieben werden — auch für den Gaswerksbetrieb geeignet. Bislang haben allerdings nur einige dieser Bauarten auch auf Gaswerken Eingang gefunden — die Zahl der eigentlichen Großgaswerke ist ja derzeit vergleichsweise noch gering — und sind dort selbst in mehr oder weniger großen Einheiten, die hinsichtlich ihrer Leistung sogar modernen Kokereien an die Seite zu stellen sind, errichtet worden. Über die Gründe, die bei der Gaserzeugung den Übergang zu diesen Ausmaßen veranlaßt haben, wurde bereits oben das Wesentliche ausgeführt. In allen Fällen, wo eine solche Gasgroßerzeugungsanlage an sich gegeben ist, wird die damit verknüpfte größere Wirtschaftlichkeit der Anlage gegenüber kleineren Werken und damit der Herstellungspreis des Gases und der sonstigen Erzeugnisse sich ganz besonders vorteilhaft auswirken.

Sowohl die Fa. Dr. C. Otto, Bochum, als auch die Fa. H. Koppers, Essen, sowie die Fa. Hinselmann, Essen, haben ihre im Kokereibetrieb entwickelten und technisch vorzüglich durchgebildeten Horizontalkammerofenanlagen auf Gaswerken errichtet.

Indessen erscheint es erforderlich, auch die Systeme der übrigen Firmen zu behandeln, wobei aber nur die inländischen Konstruktionen Platz finden sollen, um den Stoff nicht über ein gewisses und wohl auch zweckmäßig abgegrenztes Maß auszudehnen.

1. Otto-Zwillings-Verbundofen.

Die von der Fa. Dr. C. Otto & Co., Bochum, gebauten Horizontalkammeröfen mit Zwillingszügen und kleineren Ladegewichten der Kammern, etwa 4 t, wie solche auf verschiedenen Gaswerken (Darmstadt, Berlin-Lichtenberg usw.) mit regenerativer bzw. rekuperativer Beheizung errichtet worden sind, sind an anderer Stelle beschrieben. Die Horizontalgroßkammeröfen mit Zwillingszugheizung für den wahlweisen Betrieb mit Stark- oder Schwachgas sind im wesentlichen auf Kokereien herausgebildet worden. Bei diesen Zwillingszugöfen bilden je 2 Heizzüge der Kammerwand für sich ein Heizelement, in dem die Flamme abwechselnd nach jeder in Abständen von 20 bis 30 Minuten erfolgenden Umstellung der Gaswege in einem Heizzuge emporbrennt und die Abgase im benachbarten Heizzuge abfallen. Auf diese Weise wird der obere Horizontalkanal vermieden, der insbesondere bei größeren Ofenhöhen zufolge Schwächung der Kammerwand sich ungünstig bemerkbar macht und das Auftreten von nachteiligen Druckunterschieden zwischen Heizwand und Ofenkammer bedingt. Denn Druckdifferenzen führen bekanntlich zu Gasübertritten und damit entweder (beim Übertritt von Rohgas in die Heizzüge) zu unmittelbaren Verlusten an Gas und Nebenerzeugnissen, oder (beim Übertritt von Rauchgas in die Kammer) durch Verdünnung des Rohgases zu einem niedrigeren Heizwert und durch Verbrennung von Rohgasteilen zu einer Verminderung der Heizwertzahl. Der Zwillingszugofen ist hingegen durch kurze Gaswege und kleine Überführungskanäle gekennzeichnet. Jede Einschnürung in den Gaswegen wird vermieden, indem die Gasströme für die Beheizung bereits im kalten Zustande unterhalb der Regeneratoren auf die ganze Heizwand verteilt werden, wonach sie das ganze Heizsystem durchströmen

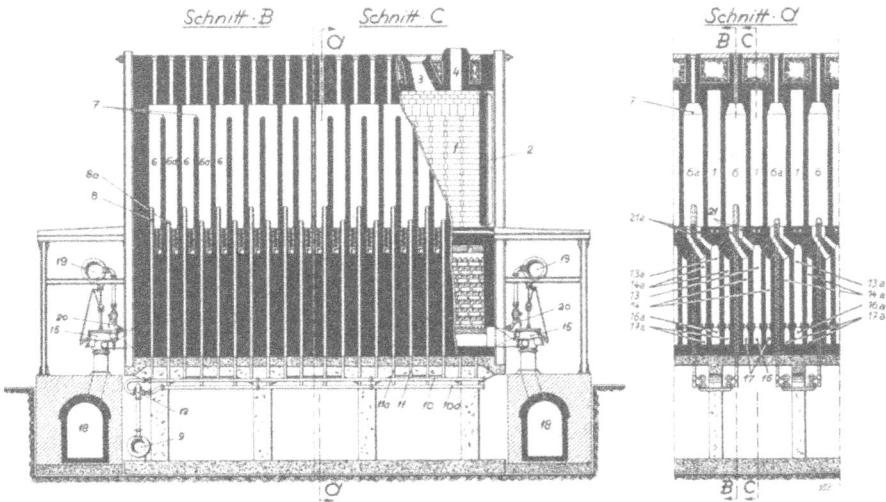

Abb. 13. Otto-Zwillings-Verbundofen.

bis zum Austritt aus dem Abhitzeregenerator, ohne zwischendurch nochmals zusammengefaßt und wieder aufgeteilt zu werden; denn jede Zusammenfassung würde Druckverluste und jede Wiederverteilung durch die notwendig werdenden Regelungsöffnungen Wirbelungsverluste mit sich bringen. Die Gaszufuhr ist von dem Regelkanal unter den Öfen, genau dem Wärmebedarf entsprechend, einstellbar, so daß jede Schieberung von der Ofendecke aus und jede Drosselung im Heizzug selbst wegfällt. Das von Otto bereits 1895 eingeführte Prinzip des Unterbrennerofens (siehe oben, Abschnitt A) ist also auch in der modernen Form des Zwillingszugofens beibehalten worden. Was die Ausführung der Regeneratoren anlangt, so werden getrennte Gitterwerksräume verwendet. Dabei sind die zu jedem Ofen gehörigen, unter ihm liegenden, parallel zu der Kammer angeordneten Regeneratoren unter jeder Kammer nochmals so unterteilt, daß jeder Gasbrenner einen besonderen

3*

Regenerator erhält, wodurch die Wärmeausnutzung infolge der zwangsweisen Verteilung der vorzuwärmenden Luft bzw. des vorzuwärmenden Schwachgases bis aufs äußerste durchgeführt ist.

Die Ausbildung eines Verbundofens mit getrennten Gitterwerksräumen zeigt die Abbildung 13 in einem Längsschnitt durch die Mitte der Heizzüge bzw. Kammern und in einem Schnitt in der Längsachse der Ofenbatterie. Zwischen den Ofenkammern 1 liegen die in Zwillingszüge unterteilten Heizwände. Jeder Zwillingszug besteht aus einem Paar senkrechter Heizzüge 6 und 6a, die wechselseitig beheizt werden. In jedem Heizzug befindet sich ein zur Zuführung des Starkgases dienender Düsenstein 8 bzw. 8a. Besonders bei größeren Bauhöhen münden diese Brennerköpfe abwechselnd. in verschiedenen Höhen über der Ofensohle aus, wodurch eine gleichmäßige Beheizung in senkrechter Richtung erreicht wird. Bei der Beheizung mit Schwachgas hingegen, dessen lange, langsam brennende Flamme von selbst die ganze Fläche des Heizzuges gleichmäßig bestreicht, wäre eine Stufenbeheizung unzweckmäßig. Infolgedessen wird das vorgewärmte Schwachgas beim Ottoofen stets am Fuße der Heizzüge zugeführt.

Abb. 14.   Otto-Zwillingszug-Verbundöfen mit Abhitzeventilen und Schwachgaszuführung.

Die Arbeitsweise bei Schwachgasbeheizung vollzieht sich so, daß zunächst die Regeneratoren 13 auf Schwachgas gehen und 14 auf Luft, und die Regeneratoren 13a und 14a auf Abhitze stehen. Nach dem Umstellen stehen die Regeneratoren 13a auf Gas und 14a auf Luft und 13 und 14 auf Abhitze. Die Regeneratoren 13 und 14 sind mit den Heizzügen 6 durch die Verteilungskanäle 21 und die Regeneratoren 13a und 14a durch die Kanäle 21a mit den Heizzügen 6a verbunden. Steht 13 auf Schwachgas und 14 auf Luft, so wird durch die Verbindungskanäle *21* den Heizzügen *6* Gas und Luft zugeführt, und die Verbrennung beginnt am Fuße der Heizzüge. Die Verbrennungsgase steigen in den Heizzügen *6* auf, streichen durch die Öffnung *7* und fallen in den danebenliegenden Heizzügen *6a* ab, um durch die Verbindungskanäle *21a* in die Regeneratoren *13a* und *14a* geführt zu werden, die auf Abhitze stehen. Alle 20 bis 30 Minuten wird umgestellt und es vollzieht sich dann der umgekehrte Vorgang, da nun die Heizzüge *6a* durch die Verbindungskanäle *21a* von dem auf Schwachgas stehenden Regenerator *13a* Schwachgas und von dem auf Luft stehenden Regenerator *14a* Luft zugeführt bekommen. Die Verbrennung geht in den Heizzügen *6a* vor sich, und die Verbrennungsprodukte fallen in den Heizzügen *6* nach unten ab, um durch die Verbindungskanäle *21* in die Regeneratoren *13* und *14* geführt zu werden, die nunmehr auf Abhitze stehen. Den Begehkanal mit Abhitzeventilen und Schwachgaszuführung zeigt Abb. 14.

Bei Starkgasbeheizung erfolgt die Verteilung des Gases auf die einzelnen Brennstellen in den begehbaren Gängen unterhalb des Ofens durch die Leitungen *10* bzw. *10a*, aus denen das Gas durch Düsen entspannt in die Kanäle *8* oder *8a* eintritt. Die Schwachgasregeneratoren *13* bzw. *13a* dienen bei Starkgasbeheizung, ebenso wie die äußeren Regeneratoren *14* bzw. *14a*, zur Vorwärmung der Verbrennungsluft. Diese

Abb. 15. Gaswerk Stuttgart-Gaisburg, Otto-Zwillingszug-Verbundöfen.

durchströmt also zunächst alle drei Regeneratoren *13* und *14* und tritt dann durch die Verbindungskanäle *21* in die Heizzüge *6*, wo sie mit dem aus den Kanälen *8* kommenden Starkgas verbrennt. Die Verbrennungsgase ziehen in den benachbarten Heizzügen *6 a* ab und treten durch die Verbindungskanäle *21 a* in die Regeneratoren *13 a* und *14 a*. Nach dem Umstellen vollzieht sich der umgekehrte Vorgang, da nunmehr die Regeneratoren *13 a* und *14 a* auf Luft stehen, durch die Verbindungskanäle *21 a* den Heizzügen *6 a* Luft zugeführt wird und durch die Starkgasleitungen *8 a* Starkgas. Die Verbrennung findet in den Heizzügen *6 a* statt. Die Verbrennungsprodukte ziehen in den Heizzügen *6* nach unten ab und treten durch die Verbindungskanäle *21* nunmehr in die Regeneratoren *13* und *14* ein.

Verbundöfen dieser Art (Abb. 15) sind z. B. auf der Gaskokerei Stuttgart-Gaisburg im Jahre 1930 errichtet worden[1]). Bei 10,83 m Länge, 4 m Höhe und 350 mm mittlerer Breite der Öfen beträgt der nutzbare Kammerinhalt rd. 13 m³ und das Ladegewicht rd. 10 t Kohle. Die Batterie von 25 Otto-Zwillingszug-Verbundöfen hat bei 12stündiger Garungszeit der Kammern eine Leistung von rd. 500 t Kohle je 24 Stunden, entsprechend einer Gaserzeugung von 170000 m³ je 24 Stunden. Die Anlage wurde im Jahre 1935 um weitere 10 Otto-Öfen mit einem Gesamtdurchsatz von 200 t Kohle je 24 Stunden vergrößert[2]). Auch auf dem Gaswerk Basel wurde im Jahre 1930 eine Otto-Batterie von 30 Öfen für eine Gaserzeugung von 110000 m³ je 24 Stunden erstellt.

2. Koppers-Verbundöfen

Die Fa. H. Koppers, G. m. b. H., Essen, hat nicht nur dem Horizontalkammerofen in der Form des Kleinkammerofens schon recht frühzeitig Eingang in die Gaswerke verschafft (Gaswerk Innsbruck 1909), sondern auf Grund der mit solchen Öfen gemachten Betriebserfahrungen unmittelbar anschließend auch dem Großraumofen. So wurde der halbgeteilte Koppers-Regenerativofen für Schwachgasbeheizung (Generatorgas) auf den Gaswerken Wien-Simmering sowie Wien-Leopoldau mit einer Kammerladung von 11 t Kohle bereits im Jahre 1909 eingeführt. Das Schwachgas wurde in Zentralgeneratoren erzeugt. Bislang hatte man solche Gaswerksöfen mit angebauten Einzelgeneratoren versehen und ebenso an Stelle von Regeneratoren Rekuperatoren benutzt. Die Regeneratoren ermöglichen indessen eine viel weitergehende Wärmerückgewinnung als die Rekuperatoren. Da die in den Abgasen enthaltene Wärmemenge größer ist, als für die Luftvorwärmung erforderlich, ist es bei Anwendung des regenerativen Wärmeaustauschprinzips möglich, nicht nur die Luft, sondern auch das Generatorgas vorzuwärmen.

---

[1]) Nübling, Gas- u. Wasserfach **73** (1930), S. 909 ff.
[2]) Gas- u. Wasserfach **78** (1935), S. 182.

Auch ist die Temperatur der Abgase bei dieser Arbeitsweise niedriger. Der Verzicht auf die fühlbare Wärme des in Zentralgeneratoren erzeugten Gases brachte auch die Möglichkeit mit sich, das Generatorgas gründlich von Staub zu reinigen. Bei den Retortenöfen waren die Schwierigkeiten der Staubverlegung bekannt. Demgegenüber wurde das Heizgas durch Kühlung und Waschen mit Wasser gründlich von Flugstaub gereinigt. Die mit gereinigtem Gas betriebenen Öfen besitzen demgemäß auch eine längere Lebensdauer, da die Flugasche auf das Steinmaterial eine aggressive Wirkung ausübt, wobei sich besonders leicht schmelzbare Eisensilikate bilden.

Alsdann erfolgte die Errichtung von 350 mm breiten Horizontalkammern für 10 t Koksfassungsvermögen auf dem Gaswerk Berlin, die im Jahre 1918 in Kammern von 400 mm mittlerer Breite umgebaut worden waren. Auch diese Öfen waren Regenerativöfen für Schwachgasbeheizung. Im Jahre 1913 erbaute das Gaswerk Königsberg eine Verbundofenanlage mit 10 t Kammerladung, bei einer Garungszeit von 24 Stunden, ferner im Jahre 1914 das Gaswerk Stockholm Horizontalkammern für 9 t Kohleladung je Kammer (Verbundöfen) und schließlich wurde 1915 auf dem Gaswerk Posen ebenfalls eine Verbundofenbatterie von 36 Kammern erstellt.

Auch die neuerdings errichteten Koppersanlagen auf Gaswerken, wie die 1925 auf dem Gaswerk Düsseldorf erbauten Öfen für 10 t Ladegewicht und die 1926 auf dem Gaswerk Frankfurt am Main erstellte Anlage mit 400 mm breiten Kammern, tragen noch das Kennzeichen des halbgeteilten, also in zwei Wandhälften beheizten Koppers-Ofens, als Verbundofen ausgeführt. Die im Jahre 1931 errichtete Großgaserzeugungsanlage in Beckton bei London mit 17 t Kammerladung ist nach dem inzwischen auf Kokereien durchgebildeten Kreisstromofen als der neuesten Ofenbauweise von Koppers ausgestattet, was auch für die 1934 auf dem Werk Berlin-Lichtenberg der Gasag erbaute Anlage gilt.

Bei der Errichtung der Großanlage in Düsseldorf im Jahre 1925 war man insbesondere auch von der Überlegung beeinflußt worden, mit Rücksicht auf die Nachbarschaft des rheinisch-westfälischen Industriebezirkes besonderen Wert auf die Erzeugung eines Kokses zu legen, der dem Zechenkoks gleichwertig war, ein Grund mehr, sich für eine Horizontalkammergroßanlage zu entschließen. Die Ofenanlage wurde in 2 Blöcken zu je 13 Kammern errichtet. Als Ofensystem wurde der halbgeteilte Koppers-Verbundofen gewählt. Die Kammern sind rd. 11 m lang, 3,5 m hoch und 400 mm breit.

Die 1926 auf dem Gaswerk Frankfurt am Main errichtete Anlage besteht aus 2 Blöcken zu je 15 Öfen vorgenannter Bauweise, gleichfalls 3,5 m hoch und 400 mm breit. Auch hierbei war das Ziel mitbestimmend, einen Koks von höchstwertiger Beschaffenheit zu erzeugen.

Die beiden genannten Systeme der von Koppers erbauten Gaswerksöfen sollen näher beschrieben werden.

a) Der halbgeteilte Koppers-Verbund-Horizontalkammerofen.

Der Koksofenbau verdankt bekanntlich Koppers die Einführung der Einzelregeneratoren, die unterhalb der Kammern in der Richtung ihrer Längsachse angeordnet sind. Bei den mit Schwachgas beheizten Regenerativöfen versorgt ein Regenerator zwei benachbarte Heizwände mit vorgewärmter Luft, der benachbarte Regenerator übernimmt entsprechend die Vorwärmung des Schwachgases für ebenfalls zwei benachbarte Heizwände. Die Regeneratoren liegen unter den Kammern und sind durch in der Mitte der Längsachse der Batterie verlaufende Querwände halbiert. Die so gebildeten Hälften stehen abwechselnd auf Luft oder Schwachgas bzw. auf Abhitze. Aus Gründen einer gleichmäßigen Beheizung in senkrechter Richtung wurde der halbgeteilte Koppersofen, besonders bei größeren Kammerhöhen, nach oben zuweilen verjüngt und außerdem noch die Läufersteine der Kammerwände in der Nähe der Ofensohle verstärkt, um eine gleichmäßige und gleichzeitige Abgarung des Kammerinhaltes zu erreichen. Bei größeren Kammerleistungen, insbesondere bei Kammerhöhen von über 4 m, wurden solche Öfen anstatt in Halbteilung in Viertelteilung (Doppelofen) ausgeführt[1]), um den Horizontalkanal in erträglichen Ausmaßen zu halten. Jedoch wurde letztere Bauweise wohl nur auf Zechen- oder Hüttenkokereien verwendet.

Der halbgeteilte Verbundofen Bauart Koppers, wie er insbesondere auf den vor etwa 10 Jahren auf Gaswerken erstellten Anlagen Anwendung gefunden hat, ist in Abb. 16 in einem Längsschnitt durch die Heizwand und in einem Schnitt nach der Längsachse der Ofenbatterie dargestellt. Der Ofen baut sich auf einer Betongrundplatte auf, die Seitenwände der unter den Kammern liegenden Regeneratoren sind zugleich die Tragpfeiler des Oberbaues und als solche kräftig ausgeführt. Der Weg der Gase ist bei dem Ofen wie folgt:

Die Verbrennungsluft tritt durch das Kniestück e und durch die Kanäle a, b in die auf Vorwärmung stehenden Regeneratoren A, B, durchströmt diese von unten nach oben und gelangt zu den Brennern in den Heizwänden. Dort trifft sie bei Starkgasbeheizung mit dem Steinkohlengas zusammen, das durch Leitung St dem Ofen zugeführt und durch die Kanäle st auf jede Heizwand aufgeteilt wird. Die Gase brennen durch die Heizzüge c in der einen Ofenhälfte hoch, die Verbrennungsgase sammeln sich in einem oberen Horizontalkanal II und werden auf die andere Ofenhälfte übergeleitet, die sie abwärtsziehend

---

[1]) H. Hock, Kokereiwesen, Dresden u. Leipzig 1930, S. 65.

unter Vorwärmung der Regeneratoren A_1, B_1 durch die Kanäle a_1, b_1
und den Abhitzekanal D verlassen. In der nächsten halben Stunde ist

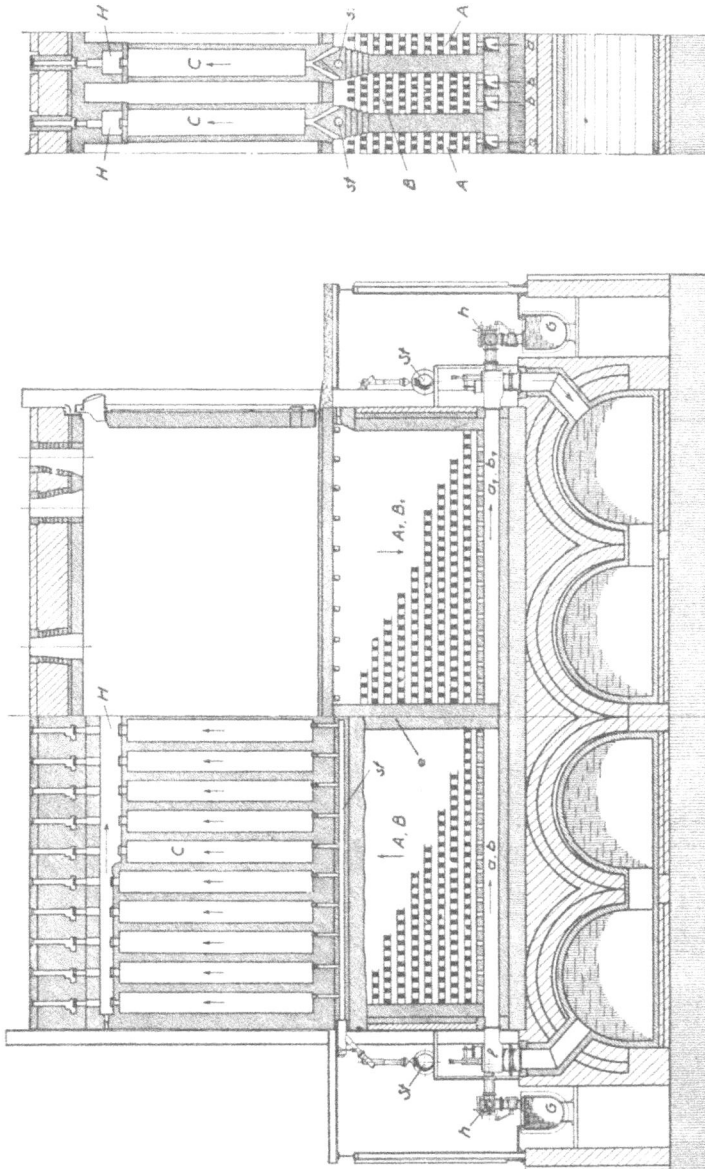

Abb. 16. Verbund-Koksofen, Bauart Koppers.

der Weg der Gase umgekehrt. Bei Schwachgasbeheizung wird dieses durch die Leitung G dem Ofen zugeführt und durch die Hähne h

in die Verteilungskanäle unter den Regeneratoren geleitet. Es dienen alsdann die nebeneinanderliegenden Regeneratorgruppen abwechselnd zur Vorwärmung von Generatorgas (beispielsweise *A*) und zur Vorwärmung von Luft (beispielsweise *B*). Die Steinkohlengaszuführungen *st* sind in diesem Falle abgesperrt.

Die gleichmäßige Beheizung der ganzen Kammerwände erfolgt durch Einstellen von Steinschiebern auf den einzelnen Heizzügen, die durch Öffnungen in der Ofendecke zugänglich sind. Die Verteilung des Heizgases für jeden einzelnen Heizzug geschieht durch Düsen.

b) Koppers-Kreisstrom-Horizontalkammerofen für wahlweise Beheizung mit Steinkohlen- oder Generatorgas.

Der von der Fa. Koppers auf einer ganzen Anzahl von Kokereien letztzeitig erbaute Kreisstromofen[1]) hat inzwischen auch auf Gaswerken Eingang gefunden. Der Kreisstromofen verdankt seine Entstehung Versuchen der Bergbau-A.-G. Lothringen, die zuerst 1922 auf deren Kokerei in Gerthe bei Bochum vorgenommen worden sind. Die Maschinenbau A.-G. Elsaß ließ sich alsdann im Jahre 1924 ein Verfahren der Abgasbeimischung schützen (DRP. 419358), dessen Verwertung die Koppers-Gesellschaft übernommen hat und das die konstruktiv nachteilige Führung der bei dem Verfahren zugesetzten Abgase durch den ganzen Ofen auf äußerst sinnreiche Weise vermeidet. Zunächst wurden nach diesem Verfahren 10 Regenerativöfen einer Koksofengruppe von 2,1 m Höhe auf der Kokerei der Gewerkschaft Graf Schwerin in Castrop-Rauxel im Jahre 1924 erbaut und in weiteren Anlagen vervollkommnet. Bei den nach diesem Verfahren betriebenen Öfen mit Zwillingszügen ist jede zweite Binderwand an der Sohle durchbrochen, um auf diese Weise ein Übertreten von Abgasen nach dem beflammten Heizzug zu erzielen (Abb. 17). Die Beimischung von Abgasen erfolgt demnach unmittelbar nach der Verbrennung.

Von Interesse sind auch die an zwei eigens hierfür erbauten Versuchsheizzügen vorgenommenen Feststellungen, wie sich der Einfluß der Kreisstrombeheizung bei verschiedenen Ofenbelastungen geltend macht und in bezug auf eine Verminderung des Temperaturabfalles in

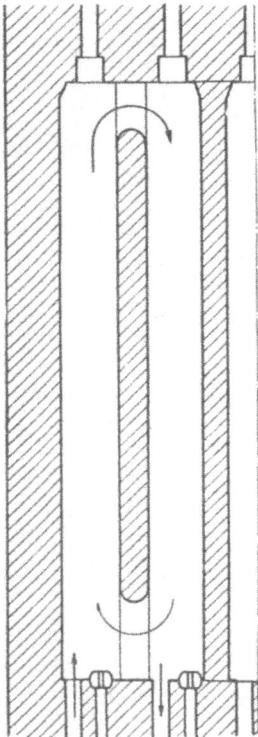

Abb. 17. Schematische Darstellung des Kreisstroms.

[1]) Koppers Mitteilungen **11** (1929), S. 91 ff.

der Vertikalen. Insbesondere erfolgten auch Feststellungen der im Umlauf befindlichen Abgasvolumina bei normaler Heizzugbelastung sowie bei geringerer und erhöhter Belastung. Die Wirkungsweise des Kreisstromes ist im übrigen auf eine rein dynamische Wirkung der aus den Düsen austretenden Gase (Heizgas und Frischluft) zurückzuführen, und der spezifische Gewichtsunterschied zwischen der Gassäule im abwärts beflammten Zug und derjenigen im aufwärts beflammten Zug spielt kaum eine Rolle. Was den Verlauf der Temperaturen in vertikaler Richtung anlangt, so findet sich die höchste Temperatur etwa in der halben Höhe des Heizzuges, um nach oben eine etwas stärkere Abnahme als nach unten zu zeigen. Je nach der Belastung betrugen die maximalen Temperaturunterschiede 73 bis 110⁰. Der Temperaturabfall nach dem Scheitel des Heizzuges ist im übrigen notwendig, um eine Zersetzung der Gase und Dämpfe im Sammelraum zu verhüten.

Was die Ermittlung der umlaufenden Abgasmengen, d. h. der in den aufwärts beflammten Zug übertretenden, verbrannten Gase anlangt, so mußten diese Feststellungen auf gasanalytischem Wege getroffen werden, und zwar derart, daß an einer Stelle des abfallenden Heizzuges ein Fremdgas (Kohlensäure) in genau abgemessener Menge eingeführt wurde, das sich dem Abgasstrom, unbeeinflußt durch andere Gasbestandteile, beimischt und analytisch im beflammten Heizzug nachgewiesen werden kann. Gleichzeitig wurden die eingeführten Starkgasmengen bestimmt. Aus der hier nicht im einzelnen zu erläuternden Berechnungsweise[1]) ergab sich, daß Heizgasmenge und Abgasmenge etwa im Verhältnis von 1 : 6 stehen und daß bei stärkerer Belastung das Verhältnis kleiner wird, d. h. der Wert der Gleichstrommenge bleibt weitgehend konstant bei gesteigerter Abgasmenge. Was schließlich noch das Verhältnis von Abgasmenge zur Kreisstrommenge anlangt, so ist dieses bei mittleren Belastungen etwa 1 : 1, um bei geringeren Belastungen sich auf etwa 0,6 : 1 und bei höheren Belastungen auf etwa 1,5 : 1 einzustellen. Die so ermittelten Verhältnisse tragen dem Umstand Rechnung, daß es um so schwieriger wird, gleichzeitige Ofenabgarung zu erzielen, je geringer die Koksofenleistung ist, da dann die Heizflamme immer kürzer wird und nur noch den unteren Teil der Kammer beheizt. Wie bemerkt, nimmt dagegen mit der Verringerung der Koksofenleistung und der Heizgasmenge die Kreisstrommenge zu und bewirkt dadurch einen Ausgleich der Wärmeübertragung. Die Kreisstrommenge stellt sich also selbsttätig so ein, daß, unabhängig von der Gasbelastung, ein weitgehender Ausgleich der Wärmeübertragung von der Heizflamme auf die Kammerwand in vertikaler Richtung erzielt wird. Bei der Beheizung durch Schwachgas (Generatorgas) läuft eine geringere Abgasmenge um, ganz im Sinne der gegenüber Starkgasbeheizung veränderten Verhält-

---

[1]) Vgl. Fußnote [1]) S. 42.

nisse, insofern bei der Schwachgasbeheizung die Temperaturverteilung bereits von vornherein schon günstiger ist, so daß verhältnismäßig weniger Kreisstromgas erforderlich ist. Der Einfluß des Kreisstroms macht sich also bei Starkgasbeheizung in höherem Maße geltend als bei Schwachgasbeheizung.

Das Schema eines als Kreisstromofen ausgeführten Verbundofens zeigt die Abb. 18. Der Weg der Gase ist wie folgt:

Bei **Starkgasbeheizung** wird das Gas durch zwei Kanäle im Kopf der Regeneratorwand von beiden Seiten der Batterie gleichzeitig

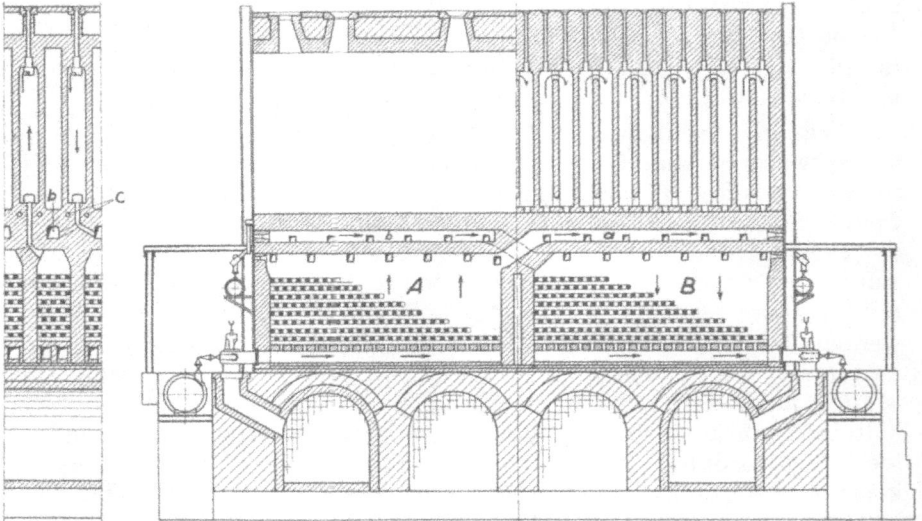

Abb. 18. Verbund-Kreisstromofen, Bauart Koppers.

den Heizzügen jeder Wand zugeführt; hierbei ist immer einer dieser beiden Kanäle unter Gas, während die Gaszuführung des danebenliegenden abgesperrt ist. Die Verbrennungsluft durchströmt den Regenerator *A* und verteilt sich dann zur Hälfte auf die oberhalb dieses Regenerators liegenden und mit ihm unmittelbar in Verbindung stehenden Heizzüge. Die andere Hälfte strömt durch den Verteilkanal *a* zur anderen Wandhälfte und verteilt sich auf die über diesem Kanal befindlichen Heizzüge. Das Steinkohlengas brennt auf der ganzen Wandseite, beispielsweise durch die ungeradzahligen Heizzüge hoch, die Verbrennungsgase verlassen die Heizwand durch die geradzahligen Heizzüge, und zwar strömen sie von der einen Wandhälfte unmittelbar in den darunter liegenden Regenerator *B*, von der anderen Wandhälfte in den Verteilkanal *b*, der mit dem Regenerator *B* in Verbindung steht. Die Verteilkanäle *a* und *b* überkreuzen sich in der Ofenmitte.

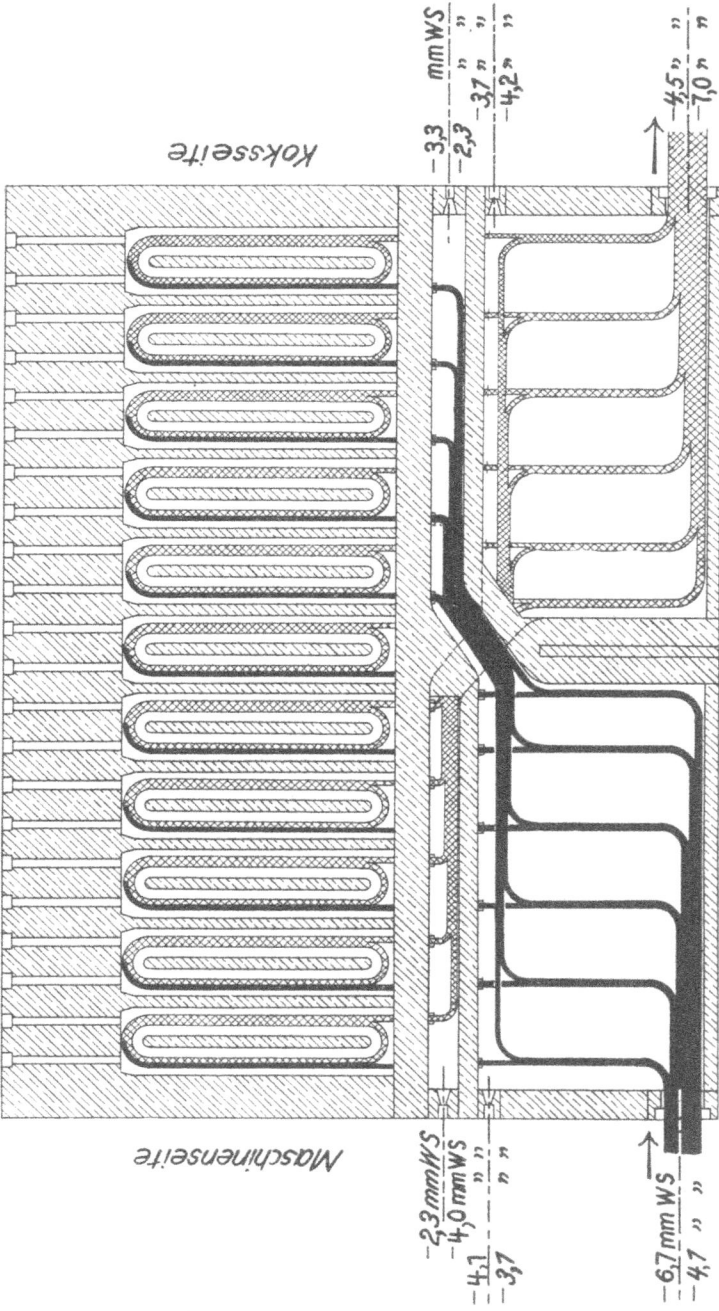

stehende Zahlen: abfallend ; liegende Zahlen: aufsteigend

Maschinenseite

Koksseite

—3,3   mmWS
—2,3   „   „
—3,7   „   „
—4,2 „   „

—4,5 „   „
—7,0 „   „

—2,3 mmWS
—4,0 mmWS
—4,1   „   „
—3,7   „   „

—6,7 mm WS
—4,7 „   „

Abb. 19. Schematische Darstellung des Strömungsverlaufs im Verbund-Kreisstromofen. Bauart Koppers.

Bei Beheizung mit Schwachgas dienen die nebeneinanderliegenden Regeneratoren einer Ofenhälfte zur Vorwärmung von Schwachgas und Verbrennungsluft in der Weise, daß Luftregenerator neben Schwachgasregenerator zu liegen kommt.

Aus Abb. 19 ist schematisch der Strömungsverlauf im Kreisstromofen (Verbundofen) ersichtlich. Hierbei sind infolge Zuführung der Luft und Ableitung der Verbrennungsgase an verschiedenen Ofenseiten alle Gaswege von gleicher Länge, weshalb eine besondere Regelung der Luftzufuhr zum Zwecke gleichmäßiger Beaufschlagung der Heizzüge bei dieser Bauart nicht erforderlich ist.

c) Anlagen und Betriebsergebnisse.

Neben zahlreichen Kokereibetrieben (Abb. 20) hat sich die Gas Light and Coke Company, London, Gaswerk Beckton, im Jahre

Abb. 20. Kokerei der Ilseder Hütte, Großilsede bei Peine. — 62 Koppers-Verbund-Kreisstromöfen.

1929 zur Errichtung von 60 Horizontalkammeröfen nach dem Kreisstromprinzip entschlossen, mit einer Leistung von 1220 t Trockenkohle in 24 Stunden. Die Öfen sind in zwei Batterien von je 30 Kammern zusammengefaßt, in deren Mitte sich der Bunker für Kokskohle befindet. Die Kammerlänge beträgt etwa 12,6 m, die Höhe etwa 4,6 m und die mittlere Kammerbreite 450 mm, mit einer Erweiterung von etwa 45 mm von der Maschinenseite nach der Koksseite. Die Kammern haben ein Ladegewicht von je etwa 16 t, eine normale Garungszeit von 19 Stunden, was einem Kohledurchsatz von etwa 20 t/24 Stunden entspricht. Die Garungszeit kann in Übereinstimmung mit dem jeweiligen Gasbedarf und den an den Koks zu stellenden Anforderungen angepaßt werden. Kammern und Heizzüge sind aus hochwertigen Silikasteinen mit 95% Kieselsäuregehalt erbaut. Die Zubehörteile der Kammern, wie selbstdichtende Wolfftüren usw., sind nach dem neuesten Stand ausgeführt. Im übrigen entspricht die Ofenkonstruktion in den Einzelheiten dem oben beschriebenen Kreisstromofen.

Die Beheizung der Öfen erfolgt mit aus Koks in einer Zentralgeneratorenanlage erzeugtem Generatorgas. Die 9 Generatoren, von denen einer als Reserve dient, haben einen lichten Durchmesser von 2,6 m. Die 8 Generatoren haben zusammen eine Vergasungsleistung von 170 t Koks unter 30 mm je 24 Stunden, bei einem Asche- und Wassergehalt bis zu 30% und einem Gehalt von etwa 30% Kokskorn unter 10 mm, was einem Durchsatz von 170 kg/m² und Stunde entspricht. Der von der Klassieranlage kommende Koks wird in einem Bunker von 600 t Fassungsvermögen gestapelt und von hier aus in kleine Beschickungswagen abgezogen. Jeder Generator wird in Zeitabständen von etwa 20 Minuten chargiert. Zur Vermeidung von Entmischungen des Kokses beim Beschicken sind mechanische Verteiler vorgesehen. Die mit Wassermänteln versehenen Generatoren erzeugen den für die Sättigung der Vergasungsluft erforderlichen Dampf, der darüber hinaus gewonnene Dampf, der allerdings nur einen Druck von 0,5 atü aufweist, kann für andere Zwecke verwendet werden. Das rohe, heiße Generatorgas wird gekühlt und gewaschen, durch einen Ventilator angesaugt und nachfolgend von Teer und Feuchtigkeit befreit. Das gereinigte Gas für die Öfen hat einen Staubgehalt von 0,04 bis 0,07 g/m³ und eine Temperatur von etwa 30°.

Verarbeitet wird eine Durham-Gaskohle für sich oder in Mischung mit anderen Kohlen mit Rücksicht auf die gewünschte Koksbeschaffenheit. Hierbei werden praktisch die gleichen Ausbeuten erhalten wie beim Entgasen in Horizontalretorten, und zwar etwa 1800 kcal/kg Kohle als Gas (Heizwert 5000 bis 5200 kcal/m³), etwa 71% Koks sowie 4,3 bis 5,4% Teer. Der Unterfeuerungsbedarf ist etwa 10 kg asche- und wasserfreier Koks für 100 kg Kohle. Das in den Generatoren vergaste Koksklein enthält etwa 75% brennbare Substanz, so daß sich der tatsächliche Koksverbrauch auf etwa 13,3% des Kohlegewichtes stellt.

Über die Ergebnisse eines über vier Wochen sich erstreckenden Garantieversuches unterrichtet zusätzlich folgende Zusammenstellung:

Kohlendurchsatz der Ofenanlage je 24 h   1262 t
Kammerladung . . . .   17 t

Zusammensetzung der Kohle:

Wasser	2,7%
Asche	6,8%
Reinkohle	90,5%
Betriebszeit der Öfen	19,4 h
Gasausbeute je t Rohkohle (15° C, 760 mm)	342 m³
oberer Gasheizwert je m³ Gas (0° C, 760 mm) . .	5590 kcal
obere Gaswertzahl je kg Rohkohle	1780 »
obere Gaswertzahl je kg Rohkohle, umgerechnet auf den garantierten Reinkohlengehalt	1810 »
inerte Bestandteile des Gases, $CO_2 + N_2$.	3,4%
mittlere Heizzugtemperatur	1225 °C
Abhitzetemperatur, gemessen im Kniestück	240 °C
Unterfeuerung: Reinkohle je 100 kg Rohkohle	9,69 kg

Die Kammerofenanlage wird ergänzt durch eine Anlage für die Herstellung von karburiertem Wassergas. Sechs dieser Einheiten haben jeweils eine Kapazität von 150000 m³ karburiertem Wassergas je 24 Stunden, mit einem Heizwert von 4300 kcal. In einem anderen Teil der Generatoren wird blaues Wassergas hergestellt. Alle Wassergasgeneratoren sind mit Abhitzekesseln zur Erzeugung von Hochdruckdampf versehen.

Die Anlage wurde von der englischen Koppers Co. erbaut.

Auch die Berliner Städtischen Gaswerke A.-G. (Gasag) errichteten im Jahre 1934 auf ihrem Gaswerk Lichtenberg eine Horizontalkammerofenanlage, die aus 40 Koppers-Verbund-Kreisstromöfen besteht, mit folgenden Abmessungen:

Länge zwischen den Ankern . . .	10,86 m
Scheitelhöhe	3,00 m
Mittlere Kammerbreite	450 mm

In der Anlage, die entweder mit Starkgas (Eigengas) oder mit Schwachgas (Braunkohlengeneratorgas) betrieben werden kann, wurden folgende Ergebnisse erzielt:

Kohlenbeschaffenheit:	Beheizung mit		
	Starkgas	Schwachgas	
Wasser	10,1	11,2	%
Asche	5,2	5,6	%
Reinkohle	84,7	83,2	%
Flüchtige Bestandteile	23,4	23,0	%

Leistung:

Kohlendurchsatz der Anlage je 24 h	382,801	387,838	t
Kammerladung	9,570	9,696	t
bei einem Wassergehalt der Kohle von	10,06	11,20	%

Gasbeschaffenheit:	Beheizung mit		
	Starkgas	Schwachgas	
Gasausbeute	309	—	m³/t
Oberer Heizwert	5434	—	kcal/nm³
Unverbrennbare Bestandteile des Destillationsgases:			
CO₂	1,5	1,0	%
N₂	2,1	2,3	%
insgesamt	3,6	3,3	%
Koksbeschaffenheit:			
Wassergehalt des Kokses . . .	1,9	3,2	%
Gehalt des Kokses an flüchtigen Bestandteilen	0,26	0,29	%
Unterfeuerung:			
Wärmeverbrauch je kg Kohle	541,2	550,8	kcal
bei einer Garungszeit von	24	24	h
und einem Wassergehalt der Kohle von	10,06	11,20	%
Unterfeuerung, umgerechnet auf 8% Wasser	520,6	518,8	kcal/kg
Abgastemperatur am Regeneratorausgang	253	255	⁰ C
Feuerungstechnischer Wirkungsgrad	80,9	80,7	%

3. Unterbrenner-Regenerativ-Verbundofen System „Hinselmann".

Die folgenden Angaben beziehen sich auf die von der Hinselmann-Koksofenbaugesellschaft m. b. H., Essen, durchgebildeten Öfen neuester Bauart, die gewisse Abweichungen von den Kammern zeigen, die z. B. auf der Großgaserei Mitteldeutschland A.-G., Magdeburg (siehe unten), im Jahre 1930 in Betrieb genommen worden sind. Bei diesen werden u. a. die Heizwände in Gruppen von je vier Heizzügen betrieben, fernerhin sind nur die Regeneratoren zur Luftvorwärmung als Querregeneratoren ausgeführt, während für die Schwachgasvorwärmung kleine Einzelregeneratoren, ähnlich wie bei den Ottoöfen, verwendet werden.

Ein besonderes Kennzeichen des Ofens (Abb. 21) ist die verstärkte Beheizung der Endheizzüge durch gesteigerte Gas- und Luftzufuhr bei Vorwärmung derselben in eigenen Kopfregeneratoren. Diese Zwangsbeheizung gewährleistet die Erzielung garer Ofenköpfe und vermeidet ein Überstehen des Kammerinhaltes. Für die Starkgaszuführung wird das Unterbrennersystem, ähnlich wie bei den Ottoöfen, angewendet. Die Heizzüge sind in kleinste Heizzuggruppen (Zwillingszüge) mit dia-

metraler Kammerbeflammung aufgeteilt und können stufenweise beheizt werden. Die Luft- und Schwachgasvorwärmung erfolgt in Querregeneratoren unter den Ofenkammern, wobei die zuggleichen Luft- und
Gasregeneratoren immer zu einer Gruppe vereinigt unter einer Ofenkammer liegen und in Batterierichtung von einer entgegengesetzt beaufschlagten Regeneratorgruppe abgelöst werden. Die Regeneratoren sind
in Batteriemitte unterteilt. Zwischen den Gas und Luft führenden

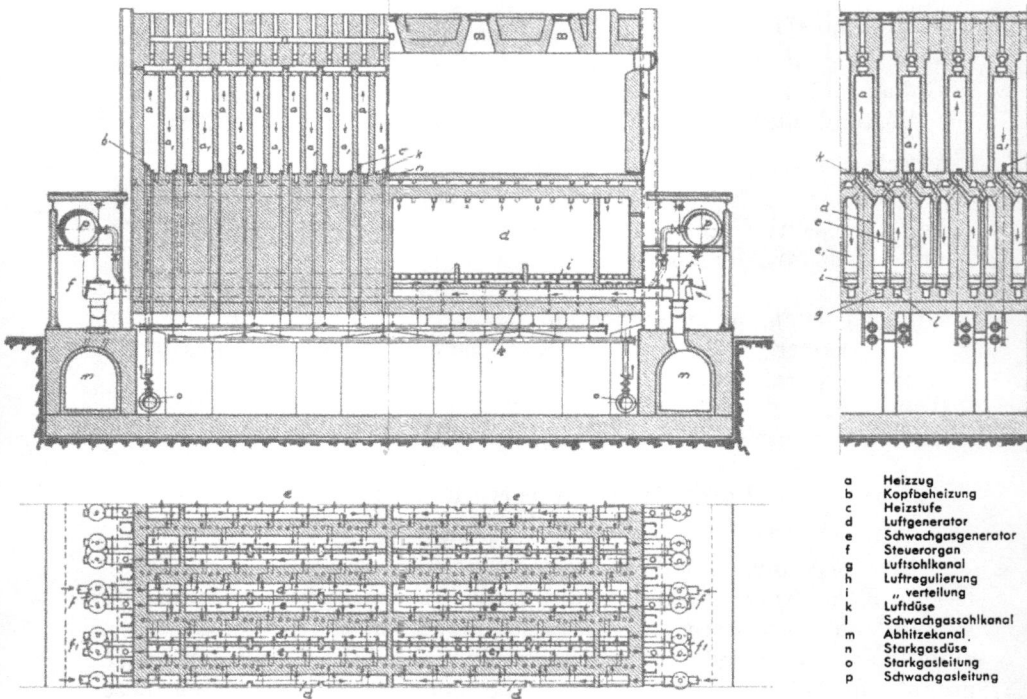

a	Heizzug
b	Kopfbeheizung
c	Heizstufe
d	Luftgenerator
e	Schwachgasgenerator
f	Steuerorgan
g	Luftsohlkanal
h	Luftregulierung
i	„ verteilung
k	Luftdüse
l	Schwachgassohlkanal
m	Abhitzekanal
n	Starkgasdüse
o	Starkgasleitung
p	Schwachgasleitung

Abb. 21. Verbund-Koksofen mit Zwillingsregeneratoren. System »Hinselmann«.

Regeneratoren einer Gruppe bestehen keine Druckunterschiede. Die
Trennwände sind unbelastet, aus Nut- und Federsteinen ausgeführt und
von erträglicher Größe, wodurch ihre Dichtigkeit und Elastizität gewährleistet sowie eine unerwünschte vorzeitige Vermischung von Gas und
Luft vermieden wird.

Die Ofenbatterie ist von allen Seiten, auch unter den Öfen,
frei zugänglich. In den Begehräumen unter der Batterie liegen die Stark-
gashaupt- und Düsenleitungen mit der zugehörigen Umstelleinrichtung.
Von hier aus erfolgt in bequemer Weise die Regulierung der Gaszufuhr
zu jeder Brennstelle durch Querschnitteinstellung in den Gasdüsen

sowie die Zugregulierung durch Drehschiebereinstellung der Regenerator-
durchtritte. Schwachgasleitungen und die Umsteuerungsorgane mit der
zugehörigen Umstellvorrichtung finden in den seitlichen Begehräumen
längs den Batterieseiten betriebssichere Anordnung. In denselben wird
durch Schieberung in den Steuerorganen die Zugeinstellung für jede
Heizwand vorgenommen.

Für die Betriebsweise der Batterie ergibt sich folgendes: Die
unter jedem Ofen liegenden Querregeneratoren mit den zugehörigen
Umsteuerorganen beider Batterieseiten weisen gleiche Zugrichtung auf,
haben jedoch in der Aufeinanderfolge in Batterierichtung wechselnden
Zugsinn. Bei fortlaufender Nummerierung der Öfen in Batterierichtung
werden die Umstellorgane beider Batterieseiten bei den ungeradzahligen
Öfen mit Luft bzw. Schwachgas beschickt, wobei die Abhitze durch die
Umsteuerorgane der geradzahligen Öfen nach beiden Batterieseiten
abströmt. Nach dem Zugwechsel findet die Beschickung durch die geradzahligen Umsteuerorgane und die Abhitzeabführung durch die ungeradzahligen statt. Jede Heizwand hat eine durch die Ofenlänge bedingte
Anzahl von Zuggruppen aus je 1 aufwärtsbeflammten und 1 von Abhitze abwärts durchflammten Heizzug bestehend, wobei im periodischen
Wechsel die Brennstellen der Heizzüge a oder a_1 brennen. In Batterierichtung haben die Heizzuggruppen der aufeinanderfolgenden Heizwände
wechselnden Zugsinn, so daß bei jeder Kammer die beflammten Züge
der beiden Wände diametral gegenüberliegen und der Kammerinhalt
ununterbrochen in allen Teilen einer intensiven Beheizung unterliegt.

Die zum Kamin führenden Abhitzekanäle an den Längsseiten der
Batterie werden ständig, ohne Rücksicht auf den Zugwechsel, von Abhitze durchströmt, so daß dieselben keinen Dehnungsschwankungen
durch wechselnde Temperaturen ausgesetzt sind. Das wirkt günstig auf
das Dichthalten der Umsteuerungsorgane und die Stabilität derselben.
In den letzteren wird allein die Umsteuerung des Zugwechsels durch
Schließen der Klappen und Öffnen der Ventile bzw. umgekehrt vorgenommen.

Starkgasbeheizung. Die Starkgas-Haupt- und -Düsenleitungen
liegen mit ihren Umstellvorrichtungen im kühlen Begehraum unter der
Batterie. Aus diesen wird das Gas den jeweilig beflammten Heizzügen,
einzeln regulierbar, in senkrecht aufsteigenden Kanälen zugeführt. Im
periodischen Wechsel werden aus der einen Leitung die Heizzüge a oder
aus der anderen Leitung die Heizzüge a_1 gespeist. Die Verbrennungsluft
wird für die jeweilig beflammten Heizzüge in den unter diesen liegenden
Kopf- und Querregeneratoren, vertikal aufwärts strömend, vorgewärmt.
Die Abhitze aus den nicht beflammten Zügen durchströmt die übrigen
Kopf- und Querregeneratoren abwärts und wird in den Regeneratorsohlkanälen nach beiden Batterieseiten abgeleitet.

Sind in der einen Beheizungsperiode die Heizzüge a_1 der Ofen-

4*

gruppe beflammt, dann müssen an beiden Batterieseiten die Umsteuerorgane der ungeradzahligen Öfen 1, 3, 5 usw. geöffnete Luftklappen und geschlossene Tellerventile an beiden Ventilgehäusen aufweisen, die der geradzahligen Öfen 2, 4, 6 geschlossene Luftklappen und geöffnete Ventile haben. Die Luft strömt unter Wirkung des Kaminzuges durch die geöffneten Luftklappen des Steuerorgans in die Regeneratorsohlkanäle. Sie wird durch zwei Sohlkanäle den unter den Ofenkammern liegenden Regeneratoren gleichen Zugsinnes von jeder Batterieseite aus bis zur Mitte zugeleitet. Die von den Querregeneratoren abgetrennten Kopfregeneratoren erhalten an jeder Batterieseite die Luft durch den hierfür besonders vorgesehenen kurzen Kanal zwangsläufig. Die Schiebereinstellung geschieht im seitlichen Bedienungsgang über den Kniestücken. Die Durchtritte von den Verteilungskanälen zu den großen Regeneratoren sind durch Drehschiebersteine, die im Raum unter der Batterie bedient werden, im Querschnitt regelbar. Die Querschnitte der Durchtrittsöffnungen von den Regeneratoren zu den Heizzügen sind ebenfalls durch Schieber regelbar, die von der Batteriedecke her bedient werden. Diese doppelte Schieberung ermöglicht die Mengen- und Zugregelung für die einzelnen Abschnitte der Querregeneratoren, die Kopfregeneratoren sowie für die Heizzüge. Die an den Batterieaußenseiten liegenden Heizzüge und Regeneratoren sollen zum Ausgleich gegenüber der äußeren Abkühlung stärker beheizt werden, müssen also eine erhöhte Gas- und Luftzufuhr erhalten; jedoch soll bei den dazwischenliegenden Heizzügen die Beheizung gleichmäßig sein. Die bei längerem Weg im Regeneratorsohlkanal entstehenden Zugverluste werden durch größere Dimensionierung der Durchtritte in Batteriemitte ausgeglichen und der Rostkanal im unteren Teil der Regeneratoren bewirkt die gleichmäßige abschnittsweise Verteilung der Luft auf das Regeneratorfüllmaterial. Die Luft durchströmt vertikal aufsteigend das Füllmaterial der Regeneratoren unter den ungeradzahligen Öfen und tritt auf ca. 900° C vorgewärmt aus den Regeneratoren gleicher Zugrichtung in die Heizzüge. Sie vermischt sich mit dem Gas der Starkgasdüse, die Heizzüge a aufwärts beflammend, an deren oberem Ende die Abhitzegase in die unbeflammten Heizzüge a_1 übertreten. Die Abhitzegase strömen dann durch die Heizzüge a_1 abwärts in die unter den geradzahligen Öfen 2, 4, 6 usw. liegenden Regeneratoren und werden von den Regeneratorsohlkanälen nach beiden Batterieseiten abgeleitet. Die Abgase durchfließen bei geöffneten Ventilen und geschlossenen Luftklappen die geradzahligen Umsteuerungsorgane, die seitlichen Abhitzekanäle und gelangen in den Kamin. Die Zugregulierung wird durch Schieberung in den Abgasstutzen der Umsteuerungsorgane und durch Schieberung in den Abhitzekanälen vor dem Kamin bewirkt. Jedes Umsteuerorgan besitzt in Verbindung mit der Luftklappe eine Einrichtung zur Regelung der Luftzufuhr.

Zur Beobachtung der Beheizung dienen Schauöffnungen der Wandköpfe in Höhe der oberen Heizzugverbindungen und in den Kopfmauern
der Regeneratoren oberhalb des Gitterwerks.

Schwachgasbeheizung. Das Schwachgas muß, wie die Verbrennungsluft, den Brennstellen auf ca. 900° vorgewärmt zugeführt werden.
Die Gasvorwärmung erfolgt immer für die diametral gegenüberliegenden
beflammten Heizzüge zweier Ofenwände einer Ofenkammer in den unter
dieser Kammer liegenden Kopf- und Querregeneratoren, die mit den
in gleicher Art zur Luftvorwärmung dienenden unter den Ofenkammern
liegenden Quer- und Kopfregeneratoren zu einer zuggleichen Regeneratorgruppe vereinigt sind.

Jedes Umsteuerorgan besteht aus zwei getrennten Ventilgehäusen,
dem Zweck der anschließenden Regeneratorensohlkanäle angepaßt. Das
Ventilgehäuse für den Verteilerkanal der Gasregeneratoren besitzt einen
Abzweigstutzen zur Schwachgashauptleitung mit Regulier- und Umstell-
schieber, der an die vorhandene Umstellvorrichtung angeschlossen ist.
Die Luftklappe des Gasgehäuses ist von der Umstellung abgeschaltet,
verschraubt und abgedichtet.

Die Starkgashähne unter der Batterie sind geschlossen und von der
Umstelleinrichtung abgeschaltet.

Sind in der einen Heizperiode die Heizzüge a beflammt, so müssen
bei den ungeradzahligen Umsteuerorganen beider Batterieseiten an den
Luftgehäusen die Luftklappen, an den Gasgehäusen die Gashähne geöffnet, von beiden Gehäusen aber die Tellerventile geschlossen sein. Die
geradzahligen Umsteuerungsorgane haben offene Tellerventile bei geschlossenen Gashähnen und Luftklappen. Das Schwachgas wird vom
Ventilgehäuse aus mit Druck durch die gemauerten Verteilungskanäle
den unter den ungeradzahligen Öfen zur Gasvorwärmung dienenden
Regeneratoren von beiden Batterieseiten aus gleichzeitig zugeführt,
durchströmt dieselben unter Wirkung des Kaminzuges vertikal aufsteigend und tritt aus den Regeneratoren auf ca. 900° C vorgewärmt
diametral abzweigend in die Heizzüge a beider anliegenden Heizwände
der darüber befindlichen Ofenkammern ein.

Die Verbrennungsluft strömt durch die geöffnete Luftklappe des
anderen Ventilgehäuses in die zur Luftvorwärmung dienenden Kopf-
und Querregeneratoren der gleichen Gruppe und tritt ebenfalls auf
ca. 900° C vorgewärmt in die Heizzüge a ein. Die Abhitzegase nehmen
den bei der Starkgasbeheizung beschriebenen Weg zum Kamin.

Gemischte Beheizung. Soll eine Ofenbatterie gruppenweise mit
verschiedenem Gas beheizt werden, so muß, mit Rücksicht auf die Bauart, der zufolge 2 aufeinanderfolgende Wände von einem Ventil abhängig
sind, die Trennwand in der einen Periode mit Starkgas in der anderen
mit Schwachgas beheizt werden.

Sollen einzelne Öfen oder Gruppen zwecks Reparatur oder dgl. aus der Beheizung ausgeschaltet werden, dann muß die Regeneratorgruppe unter dem ersten stillgelegten Ofen im Betrieb bleiben, und die Durchtritte von der letzten Regeneratorgruppe zu den stillgelegten Heizzügen müssen abgedeckt werden.

Anlagen und Betriebsergebnisse. Eine Ofenanlage der Fa. Hinselmann wurde für einen Durchsatz von etwa 1300 t Kohle je

Abb. 22. Großgaserei Mitteldeutschland A.-G., Magdeburg-Rothensee. 60 Regenerativ-Verbundöfen, Maschinenseite.

24 Stunden auf der Großgaserei Mitteldeutschland A.-G. (GGM) in Magdeburg-Rothensee [1]) im Jahre 1930 erbaut und in Betrieb gesetzt (Abb. 22 und 23). Die Anlage besteht aus zwei Gruppen von je 30 Horizontalkammeröfen von 12,50 m Länge, 4,00 m Höhe und 450 mm

---

[1]) Gas- u. Wasserfach **73** (1930), Sonderheft (24. Mai), S. 5ff.; J. Schmitt, Die Großgaserei Mitteldeutschland A.-G. in Magdeburg-Rothensee = Musterbetrieb deutscher Wirtschaft, Bd. **25**, Leipzig 1932; W. Schweder, Die Großgaserei Mitteldeutschland A.-G. in Magdeburg, Berlin 1931.

mittlerer Breite, bei einem Ladegewicht von etwa 16,5 t je Kammer und einer normalen Garungszeit von 24 Stunden. Wie bereits oben bemerkt, sind bei dieser Anlage die Heizzüge der Öfen in Gruppen von je vier Heizzügen unterteilt und außerdem wird das Schwachgas in kleinen Einzelregeneratoren vorgewärmt[1]).

ↄ Zur Bekohlung der Öfen ist ein Eisenbetonhochbehälter mit einem Fassungsvermögen von 3000 t Kohle vorgesehen, dessen Größe so gewählt ist, um einer Erweiterung auf die doppelte Ofenzahl Rechnung zu tragen. Die Gasausbeute beträgt je t durchgesetzter Kohle 290 bis 300 m³. Bei Starkgasbeheizung der Öfen verbleiben für den Verkauf etwa 65 Millionen m³ Gas jährlich, während etwa 40 bis 43% der erzeugten Gas-

Abb. 23. Großgaserei Mitteldeutschland A.-G., Magdeburg-Rothensee, Ansicht Batterie Maschinenseite.

menge für den Unterfeuerungsbedarf der Öfen benötigt werden. Der Erwähnung bedarf die katalytische Verbrennung des bei der Entgasung gewonnenen Ammoniaks am Platin-Rhodium-Kontakt zu nitrosen Gasen und deren Weiterverarbeitung auf Salpetersäure.

Bekanntlich gehört die Großgaserei Magdeburg zum Konzern der Deutschen Kontinentalen Gasgesellschaft; letztere hat in der Gewerkschaft Westfalen in Ahlen eine eigene Kohlengrundlage, mit der die an der Kreuzung Mittellandkanal-Elbe gelegene Großgaserei auf dem Wasserwege verbunden ist. Die Großgaserei beliefert sowohl die Stadt Magdeburg, andererseits liefert sie das Gas in das weitverzweigte Fernleitungs-

[1]) Vgl. »70 Jahre Didier Ofenbau«, Berlin 1934, S. 75ff.

netz der »Gasversorgung Magdeburg-Anhalt A.-G. (Gamanag)«. Es handelt sich also um eine Anlage zur Schaffung einer regionalen Gasversorgung in Mitteldeutschland, indem für ein großes, mitteldeutsches Wirtschaftsgebiet die Zusammenfassung des Verbrauches erzielt worden ist.

4. Regenerativ-Verbundofen System „Didier-Kogag".

Der Aufbau des Ofens der Koksofenbau- und Gasverwertungs-A.-G. (Kogag), Essen, ist durch starke Stützwände zwischen den Regeneratoren sowie durch einen widerstandsfähigen Steinverband für die Heizwände (s. oben Abschn. D) und eine zusammenhängende Ofendecke gekennzeichnet. Unter jedem Ofen befindet sich zwischen den Tragwänden je ein Wärmespeicher, in dem keine schmalen Trennwände vorhanden sind. Wegen dieser guten Raumausnutzung und der Güte des Regeneratorgitterwerkes können bei genügendem Regeneratorquerschnitt dicke Tragwände ausgeführt werden, die zum oberen Abschluß der Wärmeaustauscher einen breit ausladenden Kopf erhalten (Abb. 24a). Dieser

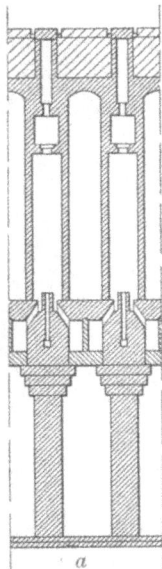

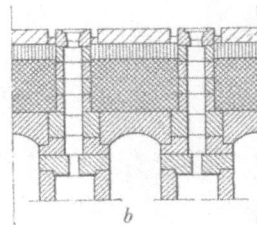

Abb. 24. *a* Standfester Aufbau des Ofens, System Didier-Kogag. *b* Ofendecke mit Stampfmasse ausgefüllt, System Didier-Kogag.

überaus kräftige Unterbau gibt dem ganzen Ofen eine hohe Standfestigkeit und verhindert Rissebildung und Undichtigkeiten. Die Sohlpartie muß das Gewicht des Oberofens und des Kammerinhaltes auf die Tragwände des Unterofens übertragen. Bei dem Ofensystem »Didier-Kogag« befindet sich zwischen den Wänden des Oberofens und den Tragwänden des Unterofens eine starke Tragkonstruktion, durch welche die Gas- und Luftzuführungen unter Vermeidung von Kreuzungen und Überschneidungen glatt hindurchgeführt sind.

Die Ofendecke wird nach einem besonderen Verfahren in Stampfmasse ausgeführt (Abb. 24b). Diese schafft eine fugenlose, gasdichte und gewissermaßen aus einem Stein bestehende, äußerst kräftige Ofen-

decke, die den Beanspruchungen und Erschütterungen durch den Füll-
wagenbetrieb in jeder Hinsicht gewachsen ist sowie diese Last gleichmäßig auf die Ofenwände überträgt, wodurch letztere hervorragend
geschützt werden.

Zwecks richtiger Beheizung in horizontaler Richtung, wobei vor
allem die Konizität der Kammer ausgeglichen werden muß, ist zunächst
die Anordnung der Heizzüge so getroffen, daß bei gleicher Gasmengen-
zufuhr auf beiden Kammerhälften die je m² Heizfläche zugeführte
Heizgasmenge auf der Koksseite entsprechend der Konizität der Kammer
größer ist. Ein weiterer Ausgleich wird durch die Einstellung der
Schieberchen am oberen Ende der Heizzüge vorgenommen.

Ferner wird dem an den Schmalseiten der Kammern verhältnismäßig stärkeren Wärmeverlust Rechnung getragen. Die Größe dieses
Wärmeverlustes kann auf Grund der an Kokereiöfen aufgestellten
Wärmebilanzen im Verhältnis zur Gesamtwärmezufuhr angegeben werden. Wenn man diese Wärmeverluste der Ofenköpfe auf die beiden
äußeren Heizzüge an der Maschinen- und Koksseite so verteilt, daß etwa
zwei Drittel vom äußeren und ein Drittel vom nächsten Heizzug auf-
gebracht werden müssen und die Wärmezufuhr durch die übrigen Heizzüge als = 100 annimmt, so muß die Wärmezufuhr zu dem äußersten
Heizzug = 125 und die des zweiten Heizzuges = 115 betragen. In diesem
Verhältnis etwa muß sich die Gaszufuhr zu den äußeren Heizzügen
gegenüber den mittleren verhalten, wenn man einerseits ungare Köpfe
vermeiden und andererseits nicht den mittleren Teil der Kammer über-
hitzen will, also den Verkokungsvorgang in der Kammer gleichmäßig
beenden will.

Bei den Öfen System »Didier-Kogag« haben die beiden ersten Heizzüge eine besondere Gaszufuhr, die getrennt von der übrigen Gaszufuhr
reguliert werden kann. Da durch die scharfe Richtungsänderung beim
Übertritt der Luft aus dem Regenerator in den Sohlkanal diese beiden
Kopfheizzüge auch eine größere Menge Luft erhalten, ist eine stärkere
Beheizung dieser Züge ohne weiteres möglich. Die für diese Kopfheizzüge erforderliche Luftmenge kann durch Beeinflussung der Strömungsverhältnisse mittels der vorderen kleinen Schieber am Regeneratoraus-
tritt eingestellt werden. Durch diese Maßnahme der gesonderten Heiz-
gaszuführung und verstärkten Luftzuführung wird eine Beheizung der
vordersten Heizzüge erreicht, die, ohne die sonstige Einstellung und
Beheizung der übrigen Kammerwand zu beeinträchtigen, die Wärme-
abstrahlung der Ofenköpfe voll ausgleicht. Der erste Kopfheizzug wird
nicht mehr durch den Türeinsatz überdeckt, sondern kann zur Beheizung des Kohleneinsatzes direkt benutzt werden. Damit vergrößert
sich der Füllraum einer Kammer.

Wie durch die Anordnung der Durchtrittsöffnungen vom Regenerator in die Sohlkanäle bei der Starkgasbeheizung eine verstärkte

Luftzufuhr zu den ersten beiden Düsen erreicht wird, bewirkt diese Maßnahme bei der Schwachgasbeheizung eine verstärkte Zufuhr von Gas und Luft zu den ersten beiden Heizzügen und damit auch bei dieser Beheizungsart eine verstärkte Kopfbeheizung.

Für die richtige Beheizung in senkrechter Richtung wird bei dem Ofen »Didier-Kogag« die Erkenntnis praktisch ausgenutzt, daß bei Gasfeuerstätten die Wärmeübertragung von der Gasflamme auf das sie umgebende Mauerwerk zum größten Teil durch Strahlung erfolgt, und daß der Strahlungsaustausch der Mauerwerksflächen an der gesamten Wärmeübertragung einen sehr großen Anteil hat. Die Wärmeübertragung durch Flammenstrahlung läßt aber mit der Flammenentwicklung selbst nach dem oberen Ende der Heizzüge hin nach und es erfolgt nur noch die Wärmeübertragung durch Berührung und Leitung. Andererseits übertragen die mit der Kohle direkt in Verbindung stehenden Läufer die ihnen zugeführte Wärme unmittelbar an die Kohle, während die Binder von den benachbarten Heizzügen von beiden Seiten beheizt werden, ohne daß sie die Wärme im selben Maße wie die Läufer weiterleiten können. Sie haben daher stets eine höhere Temperatur als die Läufer und geben somit durch Strahlung Wärme an die Läufer ab.

Abb. 25. Ausbauchung der Bindersteine im oberen Teil der Heizzüge, System Didier-Kogag.

Da die durch Strahlung übertragene Wärmemenge nach dem Stephan-Bolzmannschen Gesetz von der Differenz der vierten Potenz der Temperatur der sich im Strahlungsaustausch befindlichen Flächen abhängt, genügt hier eine an sich geringe Temperaturdifferenz, um eine verhältnismäßig große Wärmemenge zu übertragen. Da ferner nach dem Lambertschen Gesetz die durch Strahlung übertragene Wärmemenge mit dem Kosinus des Einfallwinkels der Strahlungsrichtung abnimmt und zwischen zwei senkrecht übereinanderstehenden Wänden nur ungefähr einhalbmal so groß ist wie zwischen 2 planparallelen

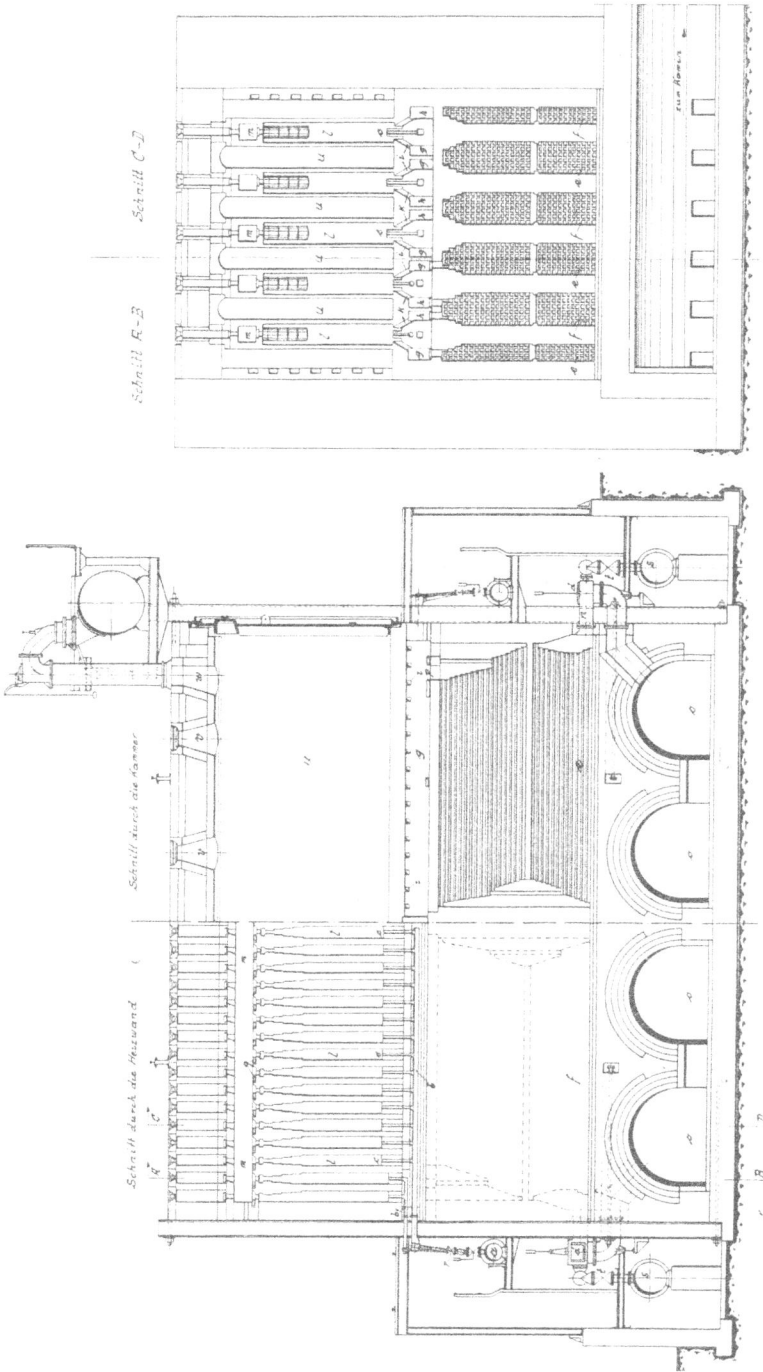

Abb. 26. Regenerativ-Verbundkoksofen, Bauart Didier-Kogag.

Flächen, kann der Wärmeübergang von den Bindern zu den Läufern dadurch erhöht werden, daß man die Bindersteine gegen die Läufer neigt. Aus diesem Grunde werden bei dem Ofensystem »Didier-Kogag« die Bindersteine nach dem oberen Ende der Heizzüge immer stärker ausgebaucht (Abb. 25). Durch diese bautechnisch überaus einfache Maßnahme wird die zwangsläufig nach oben hin abnehmende Flammenstrahlung durch die zunehmende Wärmestrahlung der Binder auf die Läufer so ausgeglichen, daß die Wärmezufuhr an die Kammerwand in der Zeiteinheit in den verschiedenen Höhenlagen praktisch gleich bleibt. Diese geschilderte Wirkung der ausgebauten Bindersteine wird dadurch begünstigt, daß diejenige Wärme, die während der unmittelbaren Beheizung aufgespeichert wird, nach der Zugumkehr durch Strahlung wieder an die Heizwand abgegeben wird.

Die Zugänglichkeit der Heizzüge und die Klarheit des Ofenbaues wird durch diese Ausführung in keiner Weise beeinträchtigt.

Einem guten Ofenwirkungsgrad wird vor allem auch durch eine zweckentsprechende Ausgestaltung der Regeneratoren Rechnung getragen (Abb. 26). Bei dem Ofensystem »Didier-Kogag« wird der unter der Ofenkammer liegende Wärmespeicher durch eine waagerechte Zunge in der Mitte geteilt. Die Luft durchstreicht die untere Hälfte in waagerechter Richtung nach der Mitte zu, tritt dann in die obere Hälfte ein und geht durch diese bis zum Ofenkopf zurück. Hier steigt sie unterhalb der beiden Kopfheizzüge in die Luftverteilungskanäle unter der Ofensohle. Die Ausgitterung der durch die Zunge gebildeten oberen und unteren Räume erfolgt mit Formsteinen, die so zusammengesetzt werden, daß gleich große waagerechte und quadratische Kanäle entstehen.

Die gleichmäßige Beaufschlagung dieser Kanalbündel wird durch die strömungstechnisch richtig ausgebildeten Querschnitte beim Eintritt und bei der Umlenkung der Luft bzw. des Abgases erreicht.

Um den Verlust durch Wärmeabgabe der Ofenoberfläche möglichst klein zu halten, sind in der Stirnwand des Regenerators und ebenso in der Ofendecke starke Schichten aus Isoliersteinen eingebaut; die Durchbrüche durch die Ofendecke zu den Heizzügen sind gegen strahlende Wärme aus dem oberen Horizontalkanal gut abgeschirmt; die Fülllochdeckel sind als Doppeldeckel ausgebildet und zwischen Türrahmen und Kopfvorsatzsteinen ist ebenfalls eine besondere Isolierschicht eingebracht. Somit sind alle wärmeabgebenden Flächen mit einer genügenden Wärmeisolation versehen.

Der Regenerator ist strömungstechnisch so ausgebildet, daß Wirbelungen und damit Druckverluste weitgehend herabgemindert werden. Die Anordnung der Kanäle ermöglicht eine glatte Strömung und die eingebauten Trennwände an den Umkehrstellen wirken als Leitwände bei der Richtungsänderung der Strömung und verhindern somit das Auftreten größerer Wirbel an diesen Stellen. Die Querschnitte der Kanäle und der Durchtrittsöffnungen sind so groß bemessen, daß sie nur geringen Druckverlust verursachen. An der Düsenpartie ist naturgemäß eine gewisse Verengung des freien Querschnittes erforderlich, um die zweckmäßige Verteilung der Luft auf die einzelnen Heizzüge zu erreichen. Aber gerade hier ist durch einfache klare Führung der Strömung jeder gewünschte Druckverlust, aber auch jede Überschneidung von Kanälen vermieden.

Der unter der Ofensohle angeordnete Starkgaskanal wird durch ineinandergreifende Formsteine gebildet, die von beiden Seiten von Stampfmasse umgeben sind. Dabei sind die Kanalsteine selbst und die Steine der beiden Abschlußwände derart mit der Stampfmasse verzahnt, daß der Gaskanal selbst bei Bewegung des Ofengefüges während des Anheizens und bei Betriebsumstellungen vollkommen dicht bleibt. Der Kanal ist durch Klappen an den Gaseinströmrohren leicht zugänglich.

Die einzelnen Heizzüge sind so ausgebildet, daß sie von der Ofendecke aus jederzeit beobachtet werden können und leicht zugänglich sind. Die Anordnung der Binderausbauchungen im oberen Teil der Heizzüge erfüllt in einfachster Weise die Forderung nach gleichmäßiger Wandbeheizung, ohne irgendwelche strömungstechnischen Nachteile zur Folge zu haben. Da es sich bei dem Ofensystem »Didier-Kogag« um einen halb geteilten Ofen handelt, sind die aufsteigenden und abfallenden Verbrennungsgase nur durch eine Wand getrennt, die derart stark ausgebildet ist, daß ein Übertreten des Heizgases auf die Abgasseite praktisch unmöglich ist.

Bei Beheizung mit Schwachgas sind Gas und Luft auf ihrem Wege durch die Regeneratoren und die Verteilungskanäle ständig durch starkes Mauerwerk getrennt und werden erst im Heizzug zusammengeführt, so daß eine unerwünschte Vorverbrennung vermieden wird.

Die Regelung eines gleichbleibenden Kaminzuges erfolgt durch einen Kaminschieber, der durch einen automatischen Regler betätigt werden kann. Der für den Ofenbetrieb erforderliche Kaminzug wird durch Regulierschieber an den Abhitzekanälen eingestellt und die Verteilung des Zuges auf die einzelnen Öfen durch Schieber an jedem Abhitzekrümmer geregelt.

Ebenso sind die Lufteintrittsöffnungen für jeden Regenerator verstellbar. Die Durchtritte aus den Regeneratoren in die Sohlkanäle liegen jeweils an den Ofenköpfen, so daß die Einstellung der richtigen Luftmengen auf die Heizwände und der entsprechenden Abgasmengen auf die Regeneratoren besonders einfach vorgenommen werden kann. Da diese Sohlkanäle jeweils geteilt sind, ist die zweckentsprechende Verteilung der Luft auf die einzelnen Heizwände möglich ohne irgendwelche Trennwände in dem Regenerator selbst.

Die Beaufschlagung der einzelnen Heizzüge ist, wie oben beschrieben, durch Schieberchen an den oberen Enden der Heizzüge einstellbar. Diese

Schieberchen können von der Ofendecke aus leicht erreicht werden, ebenso wie auch von der Ofendecke aus die einzelnen Düsen für die Starkgasbeheizung leicht ausgewechselt werden können.

Soll beim Verbundofen die Umstellung von Stark- auf Schwachgas oder umgekehrt vorgenommen werden, so muß lediglich die Lufteintrittsklappe an den entsprechenden Abhitzekrümmern geöffnet bzw. geschlossen werden und der Absperrhahn in der einen Gasleitung geöffnet werden.

Starkgasbeheizung. Bei Starkgasbeheizung gestaltet sich die Betriebsweise des Regenerativ-Verbundofens (s. Abb. 26) folgendermaßen:

Das Heizgas tritt durch die Leitung a in die Gasverteilungskanäle b ein und gelangt von hier aus in die Brenndüsen c. Die Kopfheizzüge werden durch besondere Zuführungsleitungen b_1 versorgt.

Die Verbrennungsluft tritt durch die Öffnungen d in die Wärmespeicher e und f, wird hier vorgewärmt und gelangt durch den Luftverteilungskanal g und h in die Durchtritte i und k zu den einzelnen Brennstellen der Heizzüge l. Die Verbrennungsgase durchstreichen den oberen Horizontalkanal m, gehen durch die Heizzüge der anderen Ofenhälfte zu den Wärmespeichern, an die sie ihre Wärme bis auf die für den Kaminzug noch erforderliche Temperatur abgeben und gelangen von dort durch die Abhitzekrümmer n und den Abhitzekanal o zum Kamin.

Der Wechsel in der Beheizung erfolgt gewöhnlich halbstündlich.

Das Einstellen des Zuges für jede Heizwand erfolgt durch einen im Abhitzekrümmer n eingebauten Schieber. Die Luftzufuhr für jeden Ofen wird durch Veränderung der Eintrittsöffnungen an den Luftklappen d eingestellt.

Die Regelung der Verbrennungsluft für die einzelnen Heizzüge geschieht durch die an der Durchtrittsstelle vom Regenerator in den Sohlkanal g und h befindlichen Schieberchen p, die von den Ofenköpfen aus leicht zu erreichen sind. Die Beaufschlagung der einzelnen Heizzüge wird durch die Schieberchen q an der Durchtrittsstelle von den Heizzügen l zum Horizontalkanal m geregelt; diese Schieberchen sind durch die Durchbrechungen in der Ofendecke leicht einstellbar und zu überwachen. Die Gaszufuhr für jeden einzelnen Ofen bzw. für die mittleren Heizzüge und die Kopfbeheizzüge wird durch besondere Regulierhähne r in den Gaszuführungsleitungen geregelt.

Schwachgasbeheizung. Bei dieser Beheizung wird Gas und Luft in den Wärmespeichern vorgewärmt; die Gaszufuhr zu den Öfen erfolgt durch die Schwachgasleitung s und wird durch die Hähne t geregelt. In der Reihe der unter den Kammern liegenden Wärmespeichern dient dann immer abwechselnd einer, e, zur Vorwärmung der Luft und der nächste, f, zur Vorwärmung des Gases. Die vorgewärmte

Luft aus den Regeneratoren e wird durch die Sohlkanäle g und die Durchtritte i an zwei benachbarte Heizwände abgegeben und ebenso das vorgewärmte Schwachgas aus den Regeneratoren f durch die Sohlkanäle h und die Durchtritte k.

Die richtige Verteilung von Gas und Luft wird dadurch erreicht, daß die Sohlkanäle in der Mitte unterteilt sind und die Durchtrittsöffnungen von den Regeneratoren zu den Sohlkanälen durch Schieber vom Begehkanal aus einstellbar sind. Durch vollkommenes Schließen der Schieber ist es auch möglich, einen einzelnen Ofen abzustellen.

Diese Anordnung hat den Vorzug, daß man von der sonst üblichen Trennwand, die jeden Wärmespeicher in zwei Teile teilt, absehen kann. Dadurch wird Raum für das Gitterwerk gewonnen und die Möglichkeit gegeben, die zwischen den Wärmespeichern liegenden Tragwände kräftiger zu bauen. Da Heizgas und Verbrennungsluft beim Austritt aus dem Wärmespeicher am Kopf des Ofens in scharfem Richtungswechsel in die Sohlkanäle eintreten, so findet auch bei Schwachgasbeheizung ein erhöhter Zutritt von Gas und Luft in die Kopfheizzüge statt. Es ist also auch hierbei eine verstärkte Beheizung der Ofenköpfe gewährleistet.

5. Regenerativ-Verbundofen der Fa. Collin.

Ein besonderes Kennzeichen der Öfen der Fa. F. J. C o l l i n, Dortmund, ist die Beflammung aller Heizzüge einer Wandseite von unten nach oben oder umgekehrt. Die Öfen weisen also keine Heizzüge auf, die mit Abhitze betrieben werden.

Die stetige Beflammung der Heizzüge bewirkt, daß die Wärmemengen, die von dem heizenden Medium zur Wand übergehen und somit an die Kohle übertragen werden, auf der Länge der Wand während der ganzen Garungszeit in einem stets gleichbleibenden Verhältnis zueinander stehen. Mit dieser Beheizungsweise ist somit ein gleichmäßiges Fortschreiten des Verkokungsvorganges sowohl in vertikaler als auch in horizontaler Richtung an jedem Teil der beheizten Wand gewährleistet. Verbunden mit den kürzesten Gas- und Luftwegen unter Vermeidung von Wärmeverlusten, wirkt sich die Collinsche Beheizungsweise günstig auf den Wärmeverbrauch bei der Verkokung aus. Andererseits verhindert die Beflammung aller Heizzüge und die dadurch bedingte gleichmäßige Beanspruchung der Wand die durch Temperaturschwankungen hervorgerufenen Undichtigkeiten und hat deshalb weitgehendste Schonung des Steinmaterials zur Folge.

Die Abführung der Gase für die untere Beheizung und die Zufuhr von Verbrennungsluft bei der oberen Beheizung für Starkgasbeheizung bzw. für Luft und Gas bei Schwachgasbeheizung geschieht beim Collinofen vorwiegend durch Hohlbinder.

Aus der Abb. 27 geht hervor, daß bei Einbau des Hohlbinders in die Wand unter den gleichen Bedingungen die beheizte Wandfläche

größer ist als bei Verwendung des Vollbinders. Ebenso ist die Wärmeübertragung durch Strahlung beim Hohlbinder infolge seiner elliptischen
Form wirksamer als beim Vollbinder.

Die Ausnutzung des Wärmeinhaltes der Abhitze und die Vorwärmung der Luft bzw. Gas und Luft erfolgt beim Collinofen entweder in Längsregeneratoren oder in einer Kombination von Quer-
und Längsregeneratoren oder aber in Querregeneratoren.

Die Längsregeneratoren verlaufen als Sammelregeneratoren in senkrechter Richtung zu den Ofenkammern unter den Öfen. Als Vorteil für
den Sammelregenerator kann seine Eigenschaft, wärmeausgleichend
für die Ofenwände zu wirken, an-
gesehen werden. Da im Anfang
der Garungszeit infolge des großen
Wärmeverbrauchs für die Verkokung die Temperatur in den Wänden und damit auch die der Abgase
stark zurückgeht, würde zu diesem Zeitpunkt auch die Verbrennungsluft weniger hoch vorgewärmt werden. Gegen Schluß der
Garung dagegen wird die Tem-

Hohlbinder

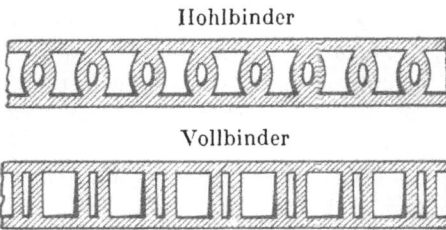

Vollbinder

Abb. 27. Koksofenwandkonstruktionen,
System Collin.

peratur in der Wand steigen. Gleichzeitig würde aber auch die Verbrennungsluft höher vorgewärmt werden. Für diese Fälle erweist sich
der Sammelregenerator dadurch als vorteilhaft, daß bei kaltem Ofengang die wärmere Abhitze des Nebenofens zur Vorwärmung der Luft
zu Hilfe kommt und daß bei heißem Ofengang diese höhere Temperatur
der Abgase sich auf den ganzen Regenerator verteilt und damit allen
Öfen zugute kommt. Der Nachteil des Sammelregenerators besteht gewissermaßen darin, daß die Regulierfähigkeit an enge Grenzen gebun-
den ist.

Die Einzelregeneratoren des Collinsystems, die unter den
Öfen parallel mit der Heizwand verlaufen, sichern die weitgehendste
Regulierung eines jeden Heizzuges und erhöhen durch den Fortfall der
Sohlkanäle zur Abführung der Abhitze sowohl die Stabilität des Ofens
als auch den Ausnutzungsgrad der Abhitze. Die Regeneratoren liegen
unter den Ofenkammern und sind methodisch, entsprechend der Anzahl
der Heizzüge und der in den Heizwänden befindlichen Binderkanäle,
unterteilt, indem sich je 2 Regeneratoren ergänzen, nämlich für die Beheizung von unten nach oben und für die Beheizung von oben nach
unten, wie aus der Abb. 28 hervorgeht.

Um die Schwierigkeiten zu beheben, die beim Ein- und Ausbau
des Gitterwerkes der Regeneratoren dadurch entstehen, daß die Trennwände der Regeneratoren niedergelegt werden müssen, und um zu verhindern, daß Undichtigkeiten durch Wärmeausdehnung in den dünnen

Trennwänden entstehen, hat Collin (DRP. 523 027) eine besondere Art von Gehäusen erfunden, die mit Füllkörper gefüllt in die Regeneratoren eingebracht werden. In diesem Falle entfällt also der Aufbau der Trennwände in den Regeneratoren, da die Wände der Gehäuse gleichzeitig die Trennwände der Abteile bilden. Diese Gehäuse können sodann mit seitlichem und oberem Spiel in die Regeneratorenräume eingesetzt werden, so daß sie sich unabhängig vom Ofenmauerwerk dehnen können, wodurch auch dann, wenn diese Gehäuse mehrteilig ausgebildet sind, ihre Dichtigkeit gewährleistet ist.

Zusammenfassend kann gesagt werden, daß der Collinofen in seiner heutigen Form als Ergebnis einer durch Praxis und erwachsende Erkenntnis bestimmten systematischen Entwicklung alle Eigenschaften aufweist, die ein moderner Koksofen besitzen muß.

Die Betriebsweise des Regenerativ-Verbundkoksofens von Collin (s. Abb. 28) ist folgende:

Schwachgasbeheizung. Anordnung der Regeneratoren. Sämtliche Regeneratoren liegen unter den Ofenkammern und sind methodisch, entsprechend der Anzahl der Heizzüge und der in den Heizwänden befindlichen Binderkanäle, unterteilt.

Je 2 Regeneratoren ergänzen einander, nämlich:

a) r und f für die Beheizung von unten nach oben,
b) r' und f' für die Beheizung von oben nach unten.

Im Falle a) dienen

r zur Vorwärmung des Schwachgases und f zur Vorwärmung der Luft, während r' und f' die Abführung der Abhitze erfolgt.

Im Falle b) dienen

r' zur Vorwärmung des Schwachgases und f' zur Vorwärmung der Luft, während durch r und f die Abhitze abgeführt wird.

Beheizung der Ofenwände. Das Schwachgas wird durch die Leitungen d zu den Öfen geführt.

Erste Heizperiode (von unten nach oben). Gasweg. Das Gas tritt aus den Regeneratoren r durch Schlitze s in die Heizzüge k. Luftweg. Die Luft tritt aus den Regeneratoren f durch die Schlitze o in die Heizzüge k. Verbrennung. Am Fuße der Heizzüge k findet durch die Vereinigung von Gas und Luft die Verbrennung statt. Die Flammen steigen gleichzeitig in allen Heizzügen k hoch. Abhitze. Die Ableitung der verbrannten Gase geht wie folgt vor sich: Vom oberen Ende der Heizzüge k durch Binderkanäle i und i', Regeneratoren r' und f', Sammelkanäle e' und h', Umstellventile u, Abhitzkanäle t.

Umstellung und zweite Heizperiode (von oben nach unten). Nach der Umstellung, die halbstündlich erfolgt, tritt die 2. Periode der

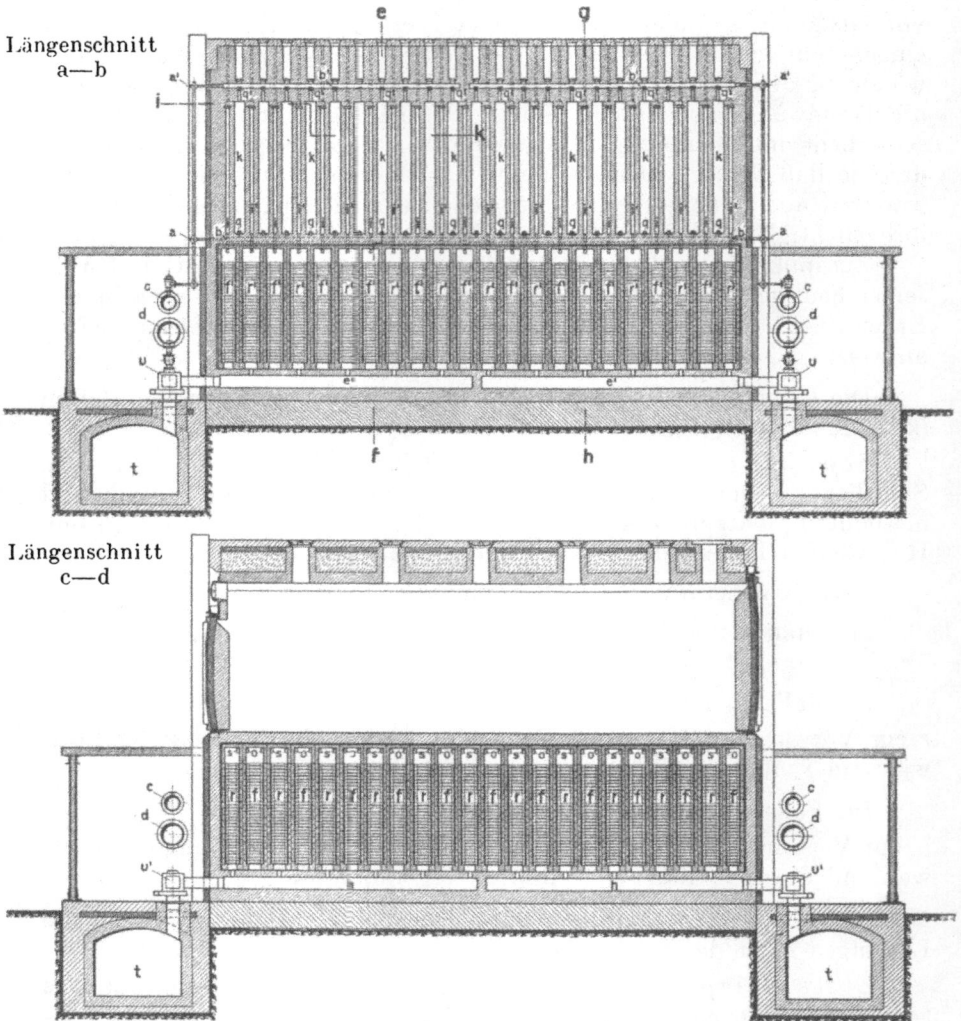

Abb. 28. Der Collinsche Universal-Regenerativkoksofen zur wahlweisen

Beheizung, d. h. von oben nach unten, ein. Gasweg. Das Gas tritt aus den Regeneratoren r' durch die Binderkanäle i' von oben in die Heizzüge k. Luftweg. Die Luft tritt aus den Regeneratoren f' durch die Binderkanäle i von oben in die Heizzüge k. Verbrennung. Die Verbrennung erfolgt in den Heizzügen k logischerweise von oben nach unten. Abhitze. Die Ableitung der verbrannten Gase aus dem Heiz-

Querschnitt e—f Querschnitt g—h

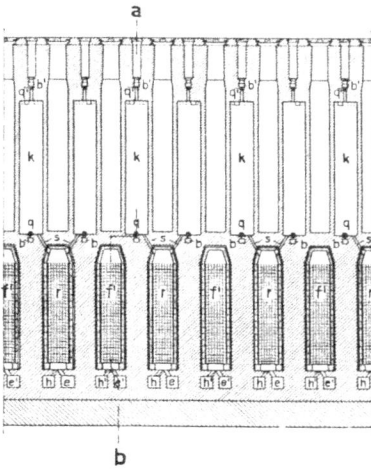

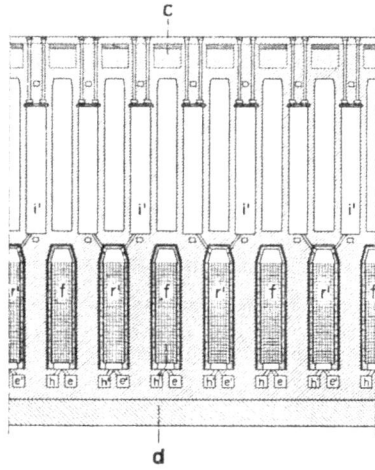

Schnitt i—k

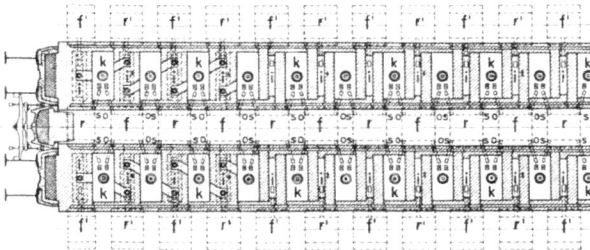

Beheizung mit Hochofengas, Generatorgas oder Koksofengas (Verbundofen).

zug k geht wie folgt vor sich: Schlitze o und s, Regeneratoren r und f, Sammelkanäle e und h, Umstellventile u', Abhitzekanäle t.

Starkgasbeheizung. Wenn Koksofengas (Starkgas) zur Beheizung von Öfen verwendet werden soll, dienen alle Regeneratoren zur Luftvorwärmung.

Das Koksofengas gelangt durch die Leitungen c zu den Öfen.

Erste Heizperiode (von unten nach oben). Das Starkgas gelangt aus den Leitungen c durch die Düsenleitungen a in die unteren Gasverteilungskanäle b und durch die Düsen q in die Heizzüge k, wo durch die Vereinigung mit der aus den Regeneratoren r und f durch die Kanäle s und o zugeführten Luft die Verbrennung nach oben erfolgt.

Die Abhitze wird durch die Binderkanäle i und i' zu den Regeneratoren r und f' abgeleitet.

Zweite Heizperiode (von oben nach unten). Nach der Umstellung, die halbstündlich erfolgt, gelangt das Starkgas von den Leitungen c durch die Düsenleitungen a' in die oberen Gasverteilungskanäle b' und durch die Düsen q' in die Heizzüge k, wo durch die Vereinigung mit der aus den Regeneratoren r' und f' durch die Binderkanäle i und i' kommenden Luft die Verbrennung nach unten erfolgt.

Die Abhitze wird durch die Kanäle s und o zu den Regeneratoren r und f abgeleitet.

Betriebsergebnisse. An einer Batterie Collin-Öfen von 12,82 m Länge, 4,50 m Höhe, 450 mm mittlerer Breite, 20,5 t Ladegewicht und 18 bis 20 Stunden Garungszeit waren die am Ende der Garungszeit in verschiedenen Höhenlagen ermittelten Temperaturen:

Meßstelle:		Ofen 1:	Ofen 2:	Ofen 3:
oben:	Temp ^{0} C . .	960	980	946
Mitte:	» . .	999	980	990
unten:	» . .	999	1003	1005

Die Temperatur im Gassammelkanal am Ende der Garungszeit betrug 694° C.

6. Regenerativ-Verbundofen Bauart „Still".

Beim Ofen der Fa. Carl Still, Recklinghausen, ist die Beheizungsfrage von einer besonderen Seite aufgegriffen worden, indem eine mehrstufige Verbrennung der Heizgase erfolgt, wie Abb. 29 in einem schematischen Ofenquerschnitt zeigt. Die übliche Anordnung der Vertikalheizzüge und auch die aufsteigende Beflammung derselben von unten nach oben hin ist beibehalten worden, doch wird der Verbrennungsvorgang stufenweise über die Heizzughöhe auseinandergezogen. Zu diesem Zweck tritt zwar das gesamte Heizgas wie bisher an der Heizzugsohle ein, doch wird die Verbrennungsluft in einzelnen Teilmengen über die Heizzughöhe verteilt beigegeben. Die am Heizzugfuß eintretende Gesamtmenge an Gas findet hier nur eine Teilmenge an Luft vor, so daß nur ein entsprechender Anteil der Heizgasmenge verbrennen kann; der unverbrannte Rest, zusammen mit den Verbrennungsprodukten dieser untersten Verbrennungsstufe, strömt nach oben und trifft an der nächsthöheren, zweiten Verbrennungsstufe wiederum auf eine Teilluftmenge. Es wiederholt sich der entsprechende Vorgang, d. h. es verbrennt wiederum eine Teilmenge an Gas, und so fort bis zur obersten Verbrennungsstufe. Hier wird der verbliebene Restanteil des Heizgases mit der durch die oberste Luftstufe eintretenden letzten Teilluftmenge verbrannt. Die Heizflamme wird auf diese Weise in ein gleichmäßig über die Heizzughöhe sich erstreckendes Flammenband auseinandergezogen.

Die konstruktive Durchführung dieser »mehrstufigen« Beheizung gegenüber der üblichen Bauart besteht darin, daß im Binderwerk der

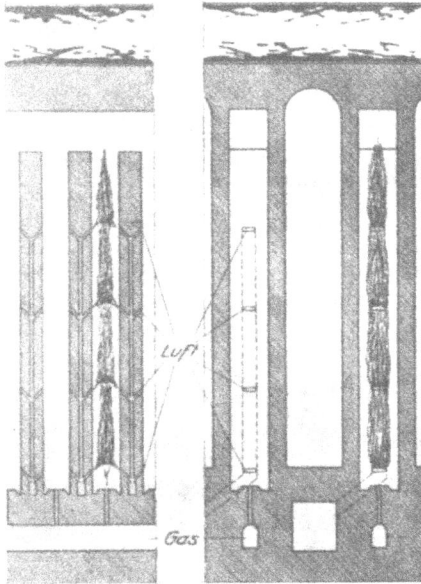

Abb. 29. Querschnitt durch den mehrstufig beheizten Still-Koksofen
(Schematische Darstellung).

Ofenwände, wie Abb. 29 veranschaulicht, Luftkanälchen ausgespart sind, von denen mehrere übereinanderliegende seitliche Luftschlitze in die benachbarten Heizzüge führen. Zahl, Abstand und Querschnitt der Luftschlitze sind so festgelegt, daß die Temperaturverteilung von der Sohle bis zur Decke des Ofens — und zwar bei jeder beliebigen Ofenhöhe, bei normalem, forciertem oder reduziertem Ofengang, bei Stark- oder Schwachgasbeheizung — eine ganz gleichmäßige ist. Die Versorgung dieser ausgesparten Kanälchen mit Luft erfolgt unmittelbar von dem üblichen, unter der Ofensohle liegenden und vom Regenerator mit aufgeheizter Verbrennungsluft gespeisten Sohlkanal.

Der nachstehend beschriebene, auf Abb. 30 dargestellte Regenerativ-Verbundkoksofen zeigt die in den letzten Jahren an den Still-Koksöfen vorgenommene weitere technische Ausgestaltung, sowohl bezüglich der bekannten stufenweisen Beheizung durch Hinzufügung einer von der stufenweisen unabhängigen zusätzlichen Beheizungsmöglichkeit als auch bezüglich zahlreicher konstruktiver Verbesserungen in der Anordnung der Ofenarmaturen bei Schwachgasbeheizung und in der Ofenverankerung. Gegenüber der früheren Ausführung mit acht Längsregeneratoren werden neuerdings Querregeneratoren als Einzelregeneratoren verwendet.

Die Abbildung stellt linksseitig einen Längsschnitt durch die Ofenkammer A (linke Seite des Schnittes) nach der Linie $I—I$ der rechtsseitigen Abbildung und einen Längsschnitt durch die Heizzüge H nach der Linie $II—II$ dar. Die rechtsseitige Abbildung zeigt zwei verschiedene Querschnitte nach den Linien $III—III$ und $IV—IV$ der linksseitigen Abbildung, nämlich einmal durch die Heizzüge H (linke Hälfte der rechten Abbildung) und das andere Mal durch die Binderkanäle B (rechte Hälfte der gleichen Abbildung).

Starkgasbeheizung. Das zur Beheizung dienende Koksofengas wird durch die Gasleitung G bzw. G_1 im Meistergang M über die Verschlußhähne V, v bzw. V_1, v_1 und die Leitungen L bzw. L_1 in die Starkgasverteilkanäle g bzw. g_1 eingeleitet. Von hier gelangt es durch die Gasdüsen D in die Heizzüge H, in denen es durch die aus den Schlitzen B_1 austretende vorgewärmte Verbrennungsluft stufenweise zur Verbrennung gelangt.

Die Verbrennungsluft gelangt aus dem Meistergang durch den geöffneten Deckel der Umstellventile U_l und U_g über den Regeneratorsohlkanal S bzw. S_1 in die Einzelregeneratorpaare R_l und R_g (s. Querschnitt der rechtsseitigen Abbildung). Im oberen Teil der Regeneratoren wird die vorgewärmte Luft durch die Verteilkanäle K_l bzw. K_g auf die Binderkanäle B durch die miteinander abwechselnden Abzweigkanäle b bzw. b_1 verteilt. Von den Binderkanälen B gelangt alsdann die Luft durch die Austrittsschlitze B_1 gleichmäßig über die Höhe der Heizzüge durch entsprechende Kalibrierung der Öffnungsquerschnitte verteilt in die Heizzüge H.

Durch die Anordnung zusätzlicher Sohlkanalpaare k_l und k_g über den Verteilkanälen K_l und K_g ist weiter die Möglichkeit einer zusätzlichen Regelung der Beheizung über die ganze Heizwand in senkrechter Richtung geschaffen worden, indem die vorgewärmte Verbrennungsluft über die Durchtritte E und E_1 (Schnitt nach $I—I$) aus den unteren Sohlkanalpaaren K_l und K_g in die oberen Sohlkanalpaare k_l und k_g durch Schiebersteine St_1, St_2 regelbar übertritt und durch die Abzweigkanäle d_l und d_g am Fuße der Heizzüge in letztere einmündet.

Die Verbrennung des Starkgases findet jeweils auf einer Hälfte der Heizwand statt, so daß auf der anderen Heizwandhälfte die Abgase durch den Horizontalkanal C und die Binderkanäle B nach den Regene-

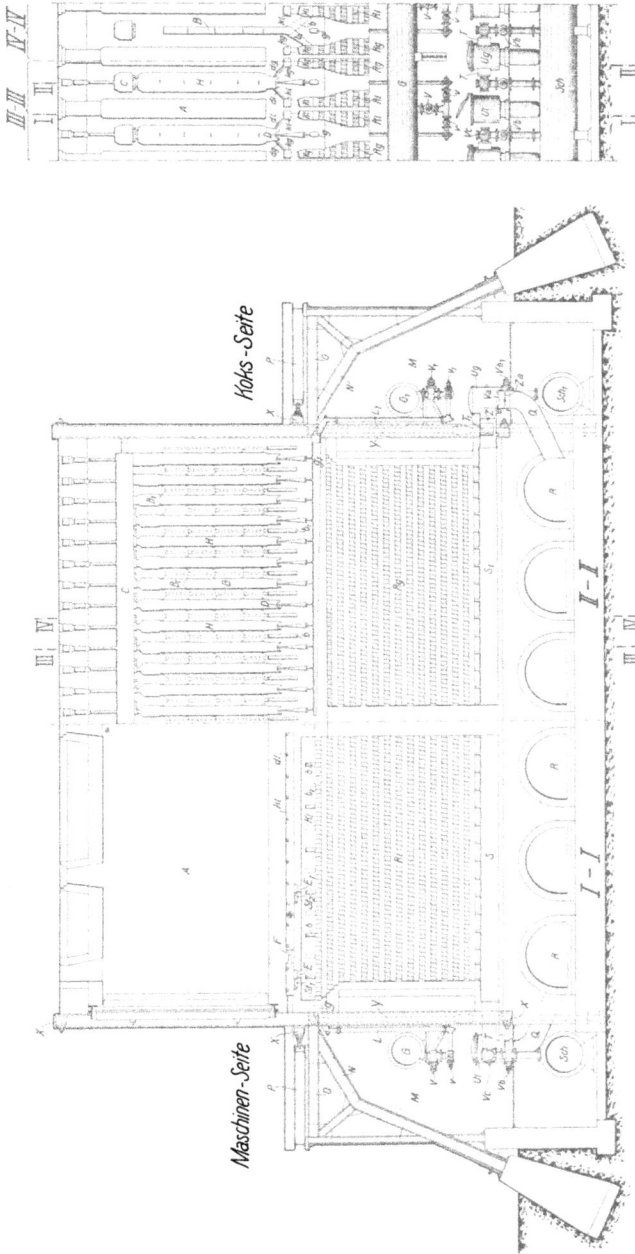

Abb. 30. Regenerativ-Verbund-Koksofen, Bauart »Still« D.R.P.

ratoren R_l und R_g abgeführt werden. Von den Regeneratoren gelangen die Abgase (Abhitze) über die Umstellventile U_l und U_g durch die geöffnete Abhitzeklappe V_a (s. Schnitt des Abhitzeventils auf der rechten Seite des Ofenlängsschnittes) und die Abhitzeleitung Q nach den unter den Regeneratoren gelegenen Abhitzekanälen R und schließlich nach dem Kamin.

Etwa halbstündlich wird die Beheizung von einer Ofenhälfte auf die andere umgestellt. Dadurch werden die vorher durch die Abhitze auf höhere Temperaturen gebrachten Regeneratoren jetzt zur Vorwärmung der Verbrennungsluft benutzt, während die anderen Regeneratoren zur Aufspeicherung der in den abziehenden Verbrennungsgasen enthaltenen Wärme dienen. Die Umstellung geschieht automatisch mit Hilfe einer am Batterieende stehenden Umstellwinde, deren Aufgabe es ist, auf der einen Ofenseite sämtliche Hähne v bzw. v_1 zu schließen und auf der anderen Ofenseite bald danach die Hähne v_1 bzw. v zu öffnen, nachdem bei sämtlichen Umstellventilen die Deckel für die Luftzufuhr auf der einen Seite geschlossen und auf der anderen Seite geöffnet, die Abhitzeklappen V_a aber umgekehrt auf der einen Seite geöffnet und auf der anderen Seite geschlossen worden sind.

Schwachgasbeheizung. Bei der Beheizung des Koksofens mit Schwachgas (Gichtgas, Generatorgas, Wassergas usw.) werden die Starkgasleitungen G bzw. G_1 außer Betrieb gesetzt. Das Schwachgas wird durch die unter dem Meistergang angeordneten Leitungen Sch bzw. Sch_1 über die Hähne V_b bzw. V_{b1} und V_c den zu beiden Seiten der Abhitzeventile U_g angegossenen Gasleitungen T bzw. T_1 und weiter den Regeneratorsohlkanälen S bzw. S_1 zugeführt. Von hier wird das Schwachgas auf die jeweils mit einem Luftregeneratorpaar R_l abwechselnden Schwachgasregeneratorpaare R_g verteilt, vorgewärmt und alsdann über die Kanäle K_g, k_g und B in gleicher Weise wie die vorgewärmte Luft bei der Starkgasbeheizung in die Heizzüge H geleitet. Das Schwachgas tritt demnach, im Gegensatz zur Starkgasbeheizung, stufenweise verteilt aus den Schlitzen B_1 aus. Dadurch, daß nun immer abwechselnd ein Binderkanal B an einen Schwachgasregenerator R_g über die Seitenkanäle b_1 und der folgende Binderkanal über die Kanäle b an einen Luftregenerator R_l angeschlossen ist, tritt das vorgewärmte Schwachgas jeweils in gleicher Höhe mit der vorgewärmten Luft aus den über die Höhe verteilten Schlitzen B_1 aus und kommt dadurch in 4 bis 5 und mehr Einzelbrennerstellen je nach der Höhe der Kammer im Heizzug zur vollständigen Verbrennung. Damit ist der Kammerhöhe beheizungstechnisch keine Grenze gesetzt.

Die vorgewärmte Luft tritt durch die geöffneten Deckel der Umstellventile U_l ein (die Deckel der Umstellventile U_g für Schwachgas bleiben hierbei naturgemäß stets geschlossen). Die Luft wird also lediglich den Luftregeneratoren R_l zur Vorwärmung zugeführt und gelangt

von diesen auf dem gleichen, bereits beschriebenen Wege über die Sohlkanäle K_l und k_l, die Abzweigkanäle b in die Binderkanäle B bzw. unmittelbar in die Heizzüge durch die Fußdüsen d_l.

Wie bereits oben geschildert, wird das Schwachgas den Heizzügen
ebenfalls stufenweise verteilt zugeführt, so daß jeweils gegenüberliegende Austritte von Gas und Luft die Brennstellen
bilden. Neben dieser Stufenverbrennung über die Höhen der Heizzüge

Abb. 31. Koksofenanlage mit 6 m hohen Kammern, Zeche Nordstern. Ver. Stahlwerke A.-G.,
Gruppe Gelsenkirchen. Koksplatzseite mit Koksführungswagen.

kann noch eine zusätzliche Beheizung am Fuße der Heizzüge II durch
die Fußdüsen d_l und d_g stattfinden. Hierbei kann die Zufuhr der Ver-
brennungsstoffe zu diesen Fußdüsen durch die Regelung der Durch-
trittsquerschnitte E und E_1 vermittels der Schiebersteine St_1 und St_2
beliebig gehandhabt werden, d. h. die zusätzliche Beheizung am Fuße
der Heizzüge kann gänzlich wegfallen oder durch den Stopfen F bei
geöffnetem Schieberstein St_1 und geschlossenem Schieberstein St_2
lediglich auf die Kopfheizzüge beschränkt bleiben.

Die Bedienung der Abhitzeventile und Gashähne erfolgt durch die Umstellwinde in wesentlich gleicher Weise wie beim Starkgasbetrieb, nur daß die Deckel der Umstellventile U_g dauernd geschlossen bleiben.

Eine Koksofenanlage mit 6 m hohen Öfen (Koksseite) auf Zeche Nordstern der Ver. Stahlwerke A.-G. zeigt Abb. 31.

F. Zubehörteile der Horizontalkammeröfen.

1. Kohlenvorratsturm.

Die für die Entgasung bestimmte Feinkohle wird in einem sogenannten Kohlenvorrats- oder Füllturm, der in Verbindung mit der Ofenbatterie steht, gestapelt, um von hier aus nach Bedarf in die auf der Decke längs der Batterie verfahrbaren Beschickungswagen für die einzelnen Öfen abgezogen zu werden. Häufig ist dem Kohlenturm eine Kohlenmisch- und Mahlanlage vorgeschaltet. Die zu verarbeitenden Kohlensorten werden hierbei zunächst in tiefliegenden Bunkern gelagert, gelangen sodann mittels geeigneter Förderorgane in die verschiedenen Bunker des Mischturms, aus denen sie durch einstellbare Drehteller im bestimmten Verhältnis abgezogen und zwecks Mischung und Zerkleinerung in Schleuder- oder Hammermühlen gemeinsam aufgegeben werden. Die Mischkohle gelangt alsdann mittels Bandförderung zum Kohlenvorratsturm der Batterie.

Die Abmessungen des Kohlenturms richten sich je nach den örtlichen Verhältnissen. Im allgemeinen nimmt man ein Fassungsvermögen für den 1 bis 2fachen Kohlendurchsatz der Batterie in 24 Stunden. Die in dem Kohlenturm aufgespeicherte Feinkohle zeigt je nachdem Wassergehalte von etwa 10 bis 12%, zuweilen auch weniger. Der Kohlenturm selbst ist in mehrere Bunker mit trichterförmigen Ausläufen unterteilt, aus denen das sich ansammelnde durchsickernde Wasser abgezogen werden kann. Dadurch erfährt die Kohle vor Eintritt in den untersten Bunker eine weitgehende Entwässerung. Zu erwähnen ist die Auskleidung der inneren Bunkerwände mit Glasplatten, die das Nachrutschen der Kohle befördern sollen.

Von Bedeutung ist der Umstand, daß die Kohlen aus den einzelnen Trichtern des Kohleturmes gleichmäßig abgezogen werden, da es vorkommen kann, daß die Kohle im einen Trichter etwas nässer ist, als im anderen. Um eine Kontrolle zu besitzen, daß aus den einzelnen Trichterreihen auch tatsächlich in der Reihenfolge abwechselnd abgezogen wird, hat man an den Trichterklappen eine Vorrichtung angebracht, die durch einen registrierenden Apparat eine genaue Überwachung ermöglicht. Außerdem ist an diesem Mehrfarbenschreiber eine unter dem Kohlenturm befindliche Füllwaage angeschlossen, so daß der Betrieb — Gewicht, Zeitfahrplan, genaue Reihenfolge des Abziehens der Kohle — genau registriert wird.

2. Füllwagen, Ofenbeschickung.

Die auf den Deckengeleisen verfahrbaren Füllwagen (Abb. 32) besitzen ein dem Ladegewicht der Ofenkammer entsprechendes Fassungsvermögen. Je nach der Anzahl der Beschickungsöffnungen an der Kammerdecke, die sich in erster Linie nach der Kammerlänge richtet, ist der Füllwagen mit 4 oder 5 Trichterausläufen versehen. Zufolge Einführung des elektrischen Betriebes der Füllwagen wurde eine bedeutende zeitliche und geldliche (Bedienungsmannschaft) Ersparnis erzielt. Abb. 33 zeigt einen Füllwagen unter dem Kohlenturm der Batterie. In große Beschickungswagen baut man häufig noch eine Entleerungsvorrichtung für schlecht rutschende, klebende Kohle. Meist sind dies Querstäbe, die an einer senkrechten Mittelstange befestigt sind, welche vermittels Hebelübersetzung durch Motorenantrieb gehoben und gesenkt werden kann. Zum besseren Einfüllen der Kohle in die Füllschächte der Batteriedecke sind die Trichterausläufe mit teleskopartigen Tüllen versehen, die während des Füllvorganges durch Senken auf den Füllöffnungen aufsitzen, so daß eine nach außen abschließende Verbindung zwi-

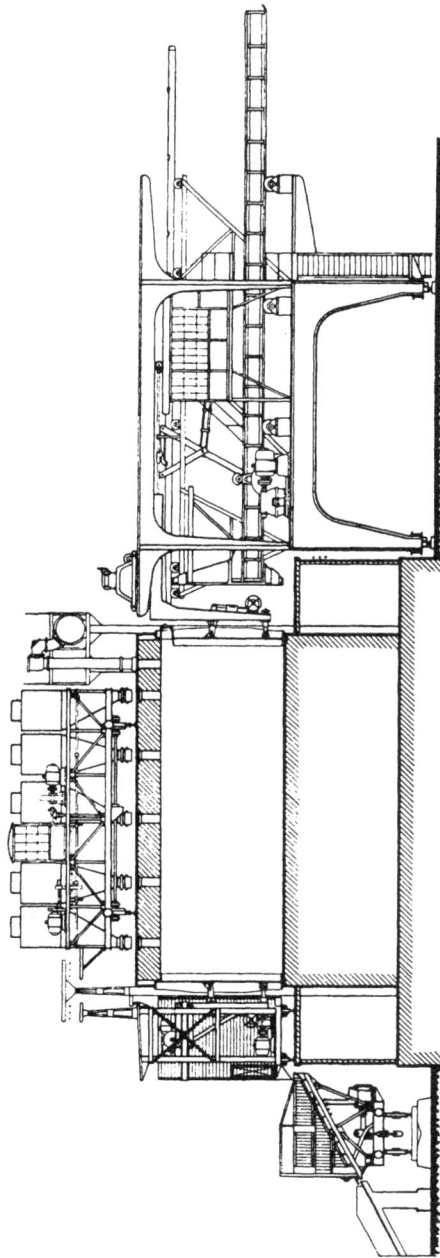

Abb. 32. Schnitt durch eine Koksofenbatterie mit Ausdrückmaschine, Füllwagen, Koksführungswagen und Löschwagen, Bauart Schüchtermann & Kremer-Baum.

schen Füllwagen und Ofen hergestellt ist. Erwähnt sei auch die Entleerung der Füllwagen durch an den Ausläufen angebrachte Drehteller, wodurch ein gleichmäßiges Einstreuen der Kohle in die Ofenkammer und damit eine gleichmäßigere Lagerung erreicht wird[1]). Die Lagerungsdichte (Schüttgewicht) der Kohle in der Kammer spielt einerseits eine Rolle bei Kohlen, die zum Treiben neigen[2]) und dadurch bei zu dichter Lagerung die Kammerwände mechanisch gefährden, andererseits bei sehr gasreichen Kohlen, bei denen man im Stampfbetrieb (siehe unten) eine möglichst hohe Lagerungsdichte anstrebt.

Abb. 33. Koksfüllwagen unter dem Kohleturm.

Die der Beschickung der Kammern dienenden Füllöffnungen sind mit Rahmen, die eine Dichtfläche enthalten, versehen und werden durch feuerfest ausgemauerte Deckel verschlossen. Um den Strahlungsverlust durch die Füllochdeckel zu vermindern, wählt Still eine Anordnung derselben nach Abb. 34. Die Deckel liegen lose auf ihrer Unterlage auf, die Dichtung ergibt sich von selbst nach mehrmaligem Drehen (ohne Lehmschmierung). Der Wärmeschutz beruht auf der dazwischenliegenden Luftschicht; für den unteren Deckel, der sehr heiß wird und beim Herausnehmen stark abgeschreckt wird, ist ein besonderer Werk-

---

[1]) W. Gollmer, Glückauf **65** (1929), S. 113.
[2]) H. Hock u. M. Paschke, Arch. f. d. Eisenhüttenw. **3** (1929), Heft 2; Koppers u. Jenkner, Glückauf **66** (1930), S. 834; K. Leven, Glückauf **67** (1931), S. 770; Baum u. Heuser, Glückauf **66** (1930), S. 1497, 1501; A. Eisenberg, Glückauf **68** (1932), S. 445, 465.

stoff erforderlich. Ferner sind von der Decke der Batterie aus die Heizzüge durch mit Stopfen verschlossene Löcher zugänglich.

Der mit Kohle beschickte Füllwagen fährt über den zu füllenden
Ofen, wonach mittels einer Abhebevorrichtung, die seitlich am Wagen
angebracht ist, die Füllochdeckel zu-
gleich gehoben und nach dem Füllen
wieder eingesetzt werden. Die unteren
Trichteröffnungen des Wagens haben
Doppelsegmentverschlüsse, die von der
Bedienungsbühne des Wagens aus

Abb. 34. Füllochdeckel.

durch Hebel und Gestänge betätigt werden. Durch die unter dem
Kohlenturm befindliche Waage kann die eingefüllte Kohlenmenge genau
ermittelt werden, was besonders für die Feststellung von Durchsatz und
Wärmeverbrauch wichtig ist.

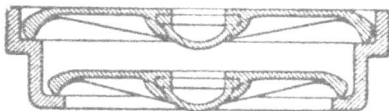

3. Absaugearmaturen.

Der Abzug der Destillationserzeugnisse erfolgt durch auf der Ofendecke an der Maschinenseite angebrachte Steigrohre, die ihrerseits in
die Vorlage münden (Abb. 35). Die Vorlage zum Sammeln des Rohgases aus sämtlichen Öfen einer Ofengruppe erhält bei den modernen
Anlagen durchweg runden Querschnitt, wodurch die Widerstandsfähig-

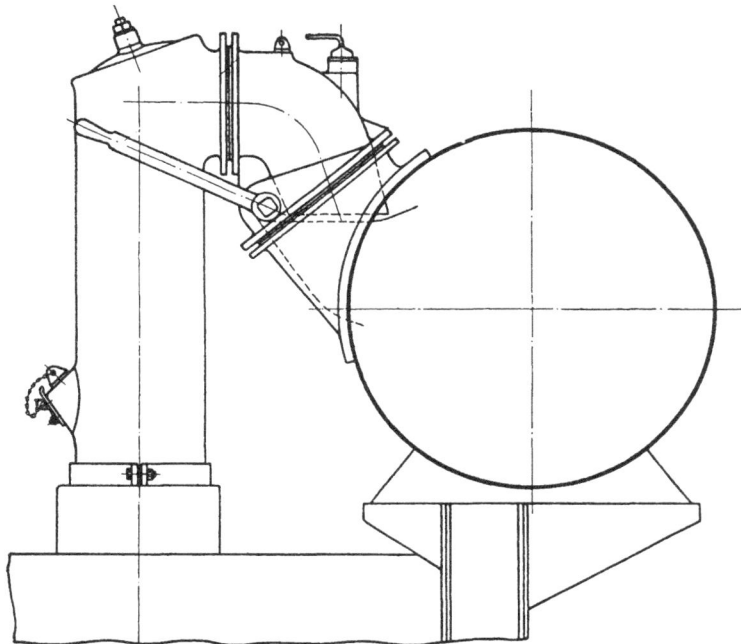

Abb. 35. Vorlage und Steigerohr, Bauart Koppers.

keit und Haltbarkeit erhöht werden. Die Anordnung erfolgt möglichst tiefliegend unter Benutzung der Wandkopfankerständer an der Maschinenseite als Tragkonstruktion. Die Gase verlassen die Öfen mit einer Temperatur von etwa 700° und strömen durch die Steigrohre in die Vorlage. Die Steigrohre, die bei modernen Anlagen zumeist aus Schmiedeeisen sind, erhalten feuerfeste Ausmauerung, so daß hier das Gas keiner Abkühlung unterliegt und sich daher auch keine Kondensate und Ansätze bilden können. An der Einmündung des Steigrohres in die Vorlage befindet sich bei der beispielsweisen Ausführung der Abb. 35 eine von außen durch Hebel bedienbare Klappe, die durch eine oberhalb angeordnete Spritzdüse mit Ammoniakwasser bespült wird. Ist eine Kammer abgegart, so wird die Klappe geschlossen, wobei der Teller sich mit Ammoniakwasser füllt und so das Steigrohr gegen die Vorlage vollkommen abdichtet. Bei geöffneter Klappe wird durch die wirkungsvolle Spülung ein Verschmieren durch Dickteer verhütet. Die Destillationsgase verlassen die Vorlage zufolge der Kühlwirkung des eingespritzten Ammoniakwassers mit einer Temperatur von 100 bis 150° und werden so der Vorkühlanlage der Nebenerzeugnisgewinnung zugeleitet.

Die Fa. Dr. C. Otto & Co., Bochum, stattet neuerdings ihre Batterien noch mit einer sog. Ausgleichsvorlage aus. Zu diesem Zwecke wird die Koksofenbatterie an Stelle der bisher üblichen einen Vorlage mit zwei Vorlagen ausgerüstet (Abb. 36), von denen die eine, wie üblich, an der Maschinenseite, die andere an der Koksseite der Batterie liegt. Beide Vorlagen stehen in gleicher Weise durch abschließbare Steigrohre mit den Kammern in Verbindung und sind ihrerseits mit der Hauptgasleitung verbunden, und zwar derart, daß jede für sich durch Schieber gegen diese Leitung abgesperrt werden kann. Die zweite Vorlage (Ausgleichsvorlage) bezweckt, die in den einzelnen Kammern während der Entgasung auftretenden Druckschwankungen durch Druckausgleich weitgehend zu vermindern und dadurch insbesondere den Übertritt von Rauchgas in die Kammern bzw. von Leuchtgas in die Heizzüge zu vermeiden. Aus den in der stärksten Gasentwicklung stehenden Kammern (vgl. die Abbildung) können die Gase durch zwei Öffnungen entweichen. Ein Teil geht unmittelbar in die Saugvorlage, das übrige Gas strömt in die Ausgleichsvorlage und von dieser in die Gassammelräume von benachbarten Kammern, in denen die Abgarung schon weiter fortgeschritten ist und in denen daher nur noch eine geringe Gasentwicklung stattfindet; aus den Gassammelräumen strömt das Gas in die Saugvorlage. Die in beiden Vorlagen abgeschiedenen flüssigen Kondensate werden vereinigt und fließen zur üblichen Teerscheidung.

Mit dem Druckausgleich der Kammern ist gleichzeitig auch ein gewisser Temperaturausgleich der Gassammelräume verbunden, indem die noch verhältnismäßig kühl aus den frisch gefüllten Kammern abziehenden Gase durch Kammern streichen, die sich in einem späteren

Garungszustande befinden und deren Gassammelräume höhere Temperaturen besitzen. Die Erniedrigung der Temperaturen im Gassammelraum soll sich überdies in einem vermehrten Ausbringen an Teer und
an Benzol bemerkbar machen. Bei notwendigen Instandsetzungsarbeiten

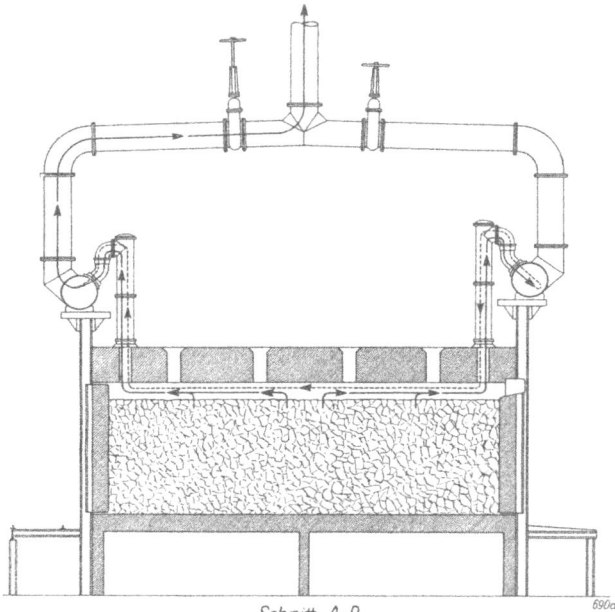

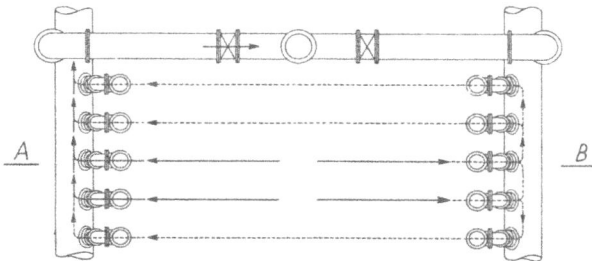

Schnitt A-B

Abb. 36. Schematische Darstellung der Otto-Ausgleichsvorlage.

kann die eine der beiden Vorlagen ganz abgestellt werden, ohne den Betrieb unterbrechen zu müssen.

Die bei der Füllung der Öfen entstehenden Füllgase ließ man früher
durch die geöffnete Klappe des von der Vorlage während der Beschickung
abgeschalteten Steigrohres ins Freie entweichen. Um die Belästigung
durch den Füllqualm zu vermeiden, hat sich die Füllgasabsaugung in
verschiedenen Ausführungsformen eingeführt, wie z. B. durch einen be-

sonderen, unter der Ofendecke liegenden und in den Kamin mündenden Füllgaskanal, an die die Öfen während des Füllens durch einen Krümmer angeschlossen werden. Auch werden in den Steigrohren Dampfdüsen angebracht, deren Injektorwirkung die Gase aus der Kammer absaugt. Neuerdings versieht man die Füllwagen mit besonderen Einrichtungen zwecks Absaugung der Füllgase aus den Fülllochdeckeln.

4. Kammerverschlüsse.

Die Koksofentüren bestehen aus Gußeisen oder auch aus gepreßtem Schmiedeeisen und sind mit feuerfestem Material ausgekleidet. Die früher gebräuchliche Lehmabdichtung ist durchweg durch sog. selbstdichtende Türen ersetzt, wobei eine in einen konischen Türrahmen eingedrückte Asbestschnur verwendet wird. Neuerdings werden die selbstdichtenden Türen wohl durchweg mit der Dichtung »Eisen auf Eisen« ausgeführt. Die schneideartige Dichtungsleiste dieser Tür bewirkt ein gleichmäßiges Aufliegen auf der gehobelten Dichtungsfläche des Türrahmens, der gleichzeitig als Schutzverkleidung der Wandköpfe dient, und gewährleistet somit jederzeit ein gutes Abdichten der Ofenkammer ohne besondere dem Verschleiß und Kostenaufwand unterworfene Hilfsmittel. Derartige selbstdichtende Koksofentüren »Eisen auf Eisen« werden u. a. von der Fa. G. Wolff jr., Bochum-Linden, hergestellt. Die stopfenartige Ausmauerung der Ofentür mit feuerfesten Steinen hält die Kohlenfüllung aus der durch äußere Abkühlung beeinflußten Heizwandpartie ab und unterstützt durch isolierende Wirkung die gleichmäßige Abgarung der Kopfseite mit dem übrigen Teil der Kammerfüllung.

Die von der Fa. Dr. C. Otto & Co. benutzte selbstdichtende Tür ist in der Abb. 37 in der Ansicht und in zwei Schnitten dargestellt. Diese Türen werden nur durch zwei Schrauben mit Hilfe von zwei untereinander verbundenen Querriegeln an den gußeisernen Türrahmen angedrückt. Die Tür kann daher mit wenigen Handgriffen in kürzester Zeit gelöst und abgehoben werden. Die Planieröffnung ist durch einen keilförmigen Verschluß abgeriegelt, der sich ebenfalls leicht bedienen läßt. Das geringe Gewicht, daß diese Otto-Türen auszeichnet, wird durch die neuartige Bauart erreicht, bei der die tragenden und die abdichtenden Teile voneinander getrennt und anstatt aus Gußeisen aus Stahl hergestellt sind. Dazu kommt eine Ausfütterung mit Sondersteinen, die sehr leicht und dennoch haltbar sind. Ihre gute Wärmeisolierfähigkeit wird dadurch unterstützt, daß nur Steine und keine Metallteile mit der Kohlefüllung in Berührung kommen.

Die Türabhebevorrichtung ist auf der Maschinenseite mit der Ausdrückmaschine, auf der Koksseite mit dem auf der Rampe vor den Öfen laufenden Koksführungsschild verbunden und wird ebenfalls elektrisch

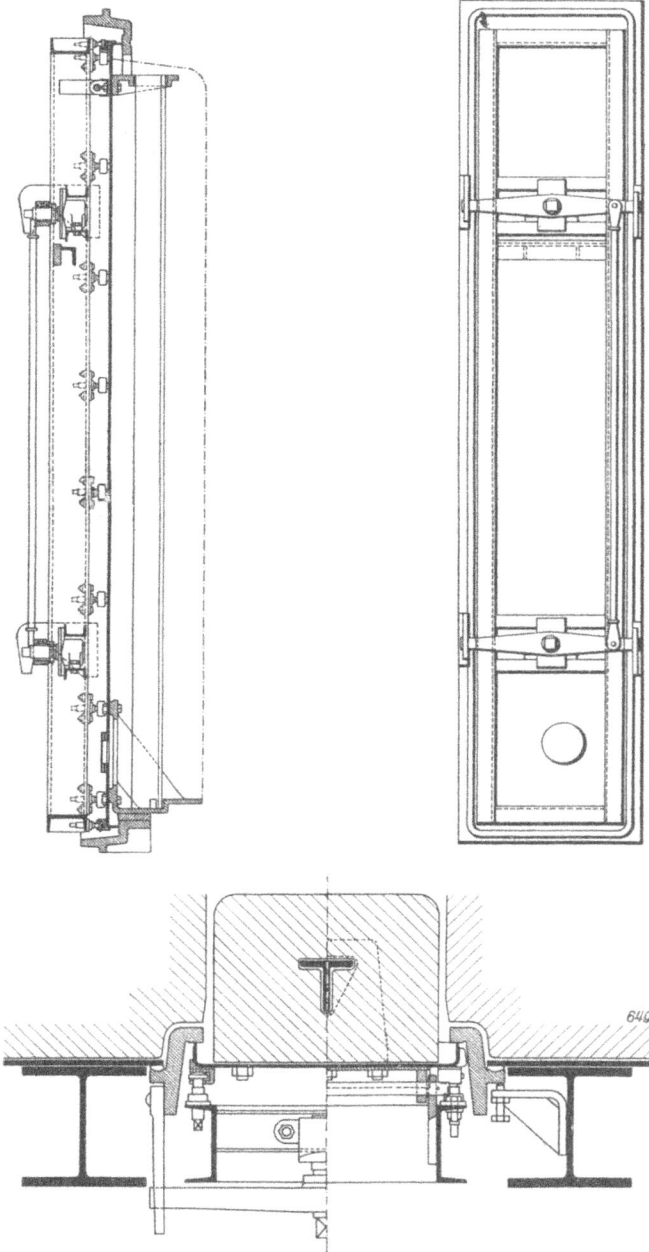

Abb. 37. Otto-Tür, selbstdichtende Koksofentür, Abdichtung „Eisen auf Eisen".

angetrieben. Das beim Schüttbetrieb erforderliche Einebnen der Kohlebeschickung in der Kammer geschieht durch die sog. Planierstange, die
durch eine Öffnung in der Koksofentür auf der Maschinenseite ein- und
ausgeführt wird und mit der Ausdrückmaschine verbunden ist (vgl.
unten).

Abb. 38. Koksofenanlage mit 6 m hohen Kammern, Zeche Nordstern, Ver. Stahlwerke, A.-G.,
Gruppe Gelsenkirchen. Die Ausdrückmaschine.

5. Koksausdrückmaschinen.

Die Ausdrückmaschinen (siehe Abb. 32) werden heute meist mit
hohem Unterbau in Gitterwerks- oder Portalkonstruktion (Abb. 38)
für tiefliegende Fahrbahn ausgeführt, so daß Beton- oder Mauerwerks-
konstruktionen für die Gleisanlage über Flur fortfallen. Alle Arbeits-
vorgänge der Maschine erfolgen durch elektrischen Antrieb. Die Aus-
drückstange läuft auf Tragrollen und ist dem Kammerprofil angepaßt.
Zum Tragen der Stange dient ein Gleitschlitten, der so weit rückwärts
angeordnet ist, daß der Stoßkopf etwa 2,5 m über die Vorderkante des
Ofens hinaus durch das Kokskuchenführungsschild hindurchfahren kann.

Seitliche Führungsrollen und ein Führungsbügel am oberen Ende verhindern Beschädigungen der Kammerwände. Der Antrieb erfolgt durch Schneckengetriebe und Ritzel, das in die angebrachten Zahnstangenblätter eingreift. Hubbegrenzungen am vorderen und hinteren Ende verhindern ein Zuweitfahren.

Neben der Druckvorrichtung als Hauptbestandteil der Maschine ist dieselbe mit einer Planiervorrichtung (siehe oben) ausgestattet, die die Kohle beim Einfüllen gleichmäßig über die Ofenkammer verteilt und in der Höhe einebnet, ferner mit einer Vorrichtung zum Abnehmen der Ofentüren auf der Maschinenseite.

6. Stampfmaschinen.

Bei manchen Kohlearten, wie z. B. sehr gasreichen (Oberschlesien, Saar), ist es nötig, die Kohle zwecks Verbesserung des Kokses in gestampftem Zustande in den Ofen einzubringen und dadurch einer zu starken Schrumpfung entgegenzuwirken. Das Verdichten der Kohle erfolgt hierbei in einer den Ofenabmessungen angepaßten Kuchenform aus Eisenblech. Zur Beschleunigung des Arbeitsvorganges werden Mehrfachstampfermaschinen mit elektrischem Antrieb benutzt. Die Stampfvorrichtung ist entweder mit der Ofenbeschick- und Ausdrückmaschine kombiniert oder sie wird stationär am Kohlenvorratsturm angeordnet. Ist der Stampfkuchen fertig, so wird die Stirnwand des Blechkastens entfernt und der Kuchen wird mittels Chargierstange in den Ofen eingeschoben. Bei stationärer Anordnung der Stampfvorrichtung empfiehlt es sich, die Beschickungsmaschine mit dem Stampfkasten von der Ausdrückmaschine getrennt zu halten, damit die Möglichkeit besteht, während des Stampfens eines Kuchens das Drücken eines Ofens vornehmen zu können. Der mit den heutigen Stampfvorrichtungen zu erzielende hohe Verdichtungsgrad der Kohle (900 bis 1000 kg/m³) wird durch stetiges Einbringen der Kohle in möglichst dünnen Schichten erzielt.

7. Kokslöschwagen.

Die Länge des Kokslöschwagens (Abb. 32) beträgt in Abhängigkeit von der Koksmenge eines Brandes 10 bis 17 m, wobei ausschlaggebend ist, daß die Verteilung dieser Menge auf die ganze Grundfläche des Wagenkastens in gleichmäßiger und geringer Schichthöhe möglich ist, um eine schnelle und vollständige Ablöschung des glühenden Kokses bei geringstem Aufwand an Löschwasser und zulässigem Wassergehalt des abgelöschten Kokses zu erzielen. Die Neigung des Wagenkastenbodens wird so gewählt, daß der aus dem Ofen ausgedrückte Kokskuchen sich nicht durch zu schnelles Rutschen vor den Klappverschlüssen des Wagens hoch auftürmt, sondern gleichmäßig ausbreitet, und daß andererseits beim Öffnen der Verladeklappen der Koks von selbst von der

Rampenfläche abrutscht. Das Verfahren des Löschwagens erfolgt durch eine elektrische Lokomotive (Abb. 39) mit so regulierbarer Fahrgeschwindigkeit, daß das Verschieben des Wagens dem Ausdrücken des Kokskuchens so angepaßt werden kann, daß eine gleichmäßige Verteilung auf den Löschwagen stattfindet.

Der Wagen mit dem glühenden Koks wird unter den Löschturm gefahren, der sich über einem Gleisstück, zumeist am Ende der Batterie,

Abb. 39. Gas-, Wasser- und Elektrizitätswerk der Stadt Düsseldorf.
Koksrampe, Kokslöschwagen mit elektrischer Lokomotive.

befindet. Die Ablöschung des Kokses erfolgt in etwa 1 bis 1½ Minuten, indem Löschwasser aus einem System von gelochten Rohren nach Öffnen eines Schnellschlußventiles, das vom Führerstand der Lokomotive aus bedient wird, aufgegeben wird. Die Berieselungsvorrichtung kann auch selbsttätig durch den Löschwagen ausgelöst werden. Das überschüssige Wasser ergießt sich aus dem Wagen durch seitliche, unter den Wagenklappen befindliche Schlitze in Kanäle, aus denen es einem Klärteich zufließt und von hier aus wieder in den Hochbehälter gepumpt wird. Zur Beseitigung der entweichenden Schwaden befindet sich über der Löschstelle eine Dunsthaube, die in der Regel mit dem Kohlen-

vorratsturm baulich verbunden ist (siehe Abb. 39). An Löschwasser
werden je t Koks etwa 1,2 m³ gerechnet, wovon annähernd die Hälfte
wiedergewonnen wird. Nach dem Abbrausen wird der Wagen zu einer
Abwurframpe in Form einer geneigten Ebene (etwa 27 Grad) gefahren,
die sich an den schrägen Boden des Löschwagens anschließt. Durch
die vom Führerstand der Lokomotive aus erfolgende Öffnung der Verladeklappen mittels Druckluft rutscht der Koks auf die Abwurframpe,
um nach dem Ausdampfen mittels Transportband nach der Siebstation
weiterbefördert zu werden.

8. Umstellvorrichtungen.

Die Umstellung der Gas-, Luft- und Abhitzewege erfolgt in Abständen von 20 bis 30 Minuten. Dieser Wechsel des Beheizungsvorganges
wird mittels einer elektrischen Umstellwinde und an dieser angeschlos-
senen Zugorganen ausgeführt, indem in den sog. Abhitzekniestücken,
die zur Verbindung der Regeneratoren mit den Abhitzekanälen und für
Luft- und Schwachgaseinführung dienen, Ventilteller geschlossen und
geöffnet werden. Die Wechselei nach Hinselmann arbeitet völlig
selbsttätig, wobei die Umstellzeit insgesamt 108 Sekunden beträgt.

Um zu vermeiden, daß beim Wechseln unverbranntes Gas etwa
aus den Regeneratoren unmittelbar in den Abhitzekanal eintritt und
Explosionen stattfinden, legt man zwischen das Schließen der Gashähne
auf der einen Seite und das Öffnen auf der anderen Seite einen zeitlichen
Zwischenraum:

Gashähne schließen. . .	14 Sekunden	
Pause	20	»
Umstellen der Schieber und Luftklappen	40	»
Pause	20	»
Gashähne öffnen	14	»
	zusammen 108 Sekunden	

9. Regler, Kontrollapparate, Meßeinrichtungen.

In Verbindung mit dem Betrieb der Ofenbatterie werden im allgemeinen angewandt:

Gasdruckregler für die Vorlage mit Drosselklappe in der Saug-
leitung für Drucköhilfssteuerung,

Kaminzugregler mit Drosselklappe im Fuchs, für Drucköhilfssteuerung,

Gasdruckregler für das Beheizungsgas, d. h. für die Starkgasleitung
und die Schwachgasleitung.

Die Kontroll- und Meßeinrichtungen dienen der laufenden Betriebsüberwachung und sind demgemäß zumeist als Registrierinstrumente
ausgeführt. Außer der schon erwähnten Erfassung der durchgesetzten

Kohlenmengen sind die wichtigsten derartigen Einrichtungen[1]) etwa folgende:

Gasdruckschreiber für die Heizgasleitungen[2]),
Kaminzugschreiber[3]),
Druckschreiber für die Vorlage,
registrierende Pyrometer für den Abhitzekanal[4]),
registrierende Thermometer für die Vorlage,
Messung des erzeugten Destillationsgases, Verbrauch für Ofenbeheizung, Überschußgasmengen,
registrierende Kalorimeter für die Bestimmung des Heizwertes der Destillations- und Heizgase,
registrierende Rauchgasprüfer,
Erfassung der erzeugten Koksmengen[5]),
Überwachung der Bedienungsmaschinen für die Öfen (Ausdrückmaschine usw.) durch sog. Spielzähler[6]).

G. Besondere Arbeitsweisen beim Betriebe der Kammern.

1. Dampfen im Horizontalkammerofen.

Die Wassergasgewinnung in den Entgasungsräumen selbst, d. h. der Naßbetrieb oder das Dampfen, war bisher nur in Vertikalretorten bzw. Vertikalkammeröfen, ferner in Horizontalretorten- und Horizontalkleinkammeröfen sowie in Schrägretorten- und Schrägkammeröfen üblich. Zur Wassergaserzeugung auch in Horizontalgroßkammeröfen ist man hingegen erst in letzter Zeit übergegangen. Der Naßbetrieb ist hierbei insofern weniger von Bedeutung, als die zentralen Großgaswerke das zum Beimischen bestimmte Wassergas (Blauwassergas oder karburiertes Wassergas) zumeist in eigenen Wassergasgeneratoren erzeugen, wie es z. B. auf dem Gaswerk Frankfurt am Main sowie auf dem Großgaswerk in Beckton der Fall ist. Die Einrichtung von Großraumöfen zum Dampfen ist nicht zuletzt auch auf den Umstand zurückzuführen, daß zu Zeiten mangelnden Koksabsatzes der Ruhrkokereien deren Gasabsatz in das Ferngasnetz nicht in dem gleichen Maße zurück-

---

[1]) Vgl. die Zusammenstellung »Zur Automatisierung der Kokereibetriebskontrolle«, Meßtechnik 1931, Heft 5; ferner »Wärmetechnische Betriebsüberwachung von Koksöfen«, Zeitschr. Feuerfest-Ofenbau, Jahrg. V (1929), Heft 2.
[2]) Druckmeßgeräte, Mitteilung der Wärmestelle Düsseldorf Nr. 38.
[3]) Geräte und Verfahren zur Untersuchung von Gasen. Mittlg. der Wärmestelle Düsseldorf Nr. 61 u. 62; ferner Nr. 129.
[4]) A. Schack, Geräte und Verfahren zur Temperaturmessung, Mittlg. der Wärmestelle Düsseldorf Nr. 96 u. Nr. 97.
[5]) Mengenmeßgeräte für feste Körper, Mittlg. der Wärmestelle Düsseldorf Nr. 48.
[6]) Stahl und Eisen 1929, S. 1528.

gegangen ist wie die Kokserzeugung und man daher in dem Dampfen der Öfen auf den Kokereien einen Ausgleich für die fehlenden Gasmengen schaffen wollte.

Über den Naßbetrieb größerer Horizontalkammern (Gaswerk Rotterdam, Werk Keilehaven) berichtet u. a. Dommisse[1]). Es handelt sich hierbei allerdings nicht um eigentliche Großraumöfen, sondern um Horizontalkammern mit etwa 4 t Füllgewicht. Gegenüber 372 m³ Gas (15⁰) bei Trockenbetrieb betrug die Ausbeute bei Naßbetrieb 566 m³ (15⁰). Bezogen auf Reinkohle stieg die Heizwertzahl von 1790 auf 2380 bei Naßbetrieb, also um 590 kcal.

	Trocken-betrieb	Naß-betrieb	Mehr
Gasausbeute je t Kohle, m³ (15⁰)	372	566	194
Heizwertzahl (bez. a. Reinkohle)	1790	2380	590
Heizwert des Gases	5130	4520	—
Heizwert des Wassergases.	—	3060	—

Die günstigen Ergebnisse des Naßbetriebes bei Horizontalkammeröfen kleineren Ausmaßes waren Veranlassung, auch das Dampfen von Großraumöfen sowohl auf Zechen als auch auf Großgaswerken mit Erfolg durchzubilden, wobei die Erhöhung der Gasausbeute sowie die Regelung des Heizwertes des Gases im Vordergrund stehen. Die zu erzeugende Wassergasmenge ist daher beschränkt durch die Spanne, die zwischen dem erzeugbaren Höchstheizwert des reinen Destillationsgases und dem für das abgegebene Gas geforderten Heizwert liegt. Auf dem 1930 erbauten Gaswerk Darmstadt (Horizontalkammeröfen von etwa 3 bis 3½ t Ladegewicht) wurde in Anlehnung an die Erfahrungen auf dem Gaswerk Rotterdam die Dampfzuführung nach Dr. C. Otto, Bochum, noch verbessert[2]) (Abb. 40). Hier tritt der Dampf durch Kanäle in den Sohlsteinen in die Kammerwand und von dort in die Kammer über. Das Gasausbringen, d. h. die Heizwertzahl, konnte von 1548 auf 1664 kcal/kg Kohle, also um 116 kcal/kg gesteigert werden. Die Wassergasmenge war einerseits durch die Qualität der Kohle (Koks-

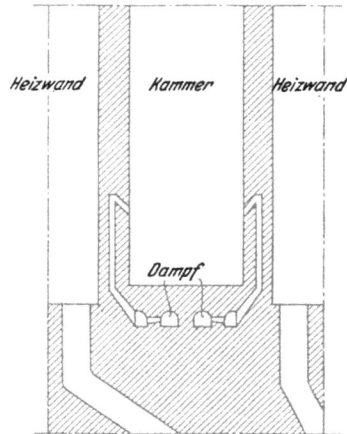

Heizwand   Kammer   Heizwand

Dampf

Abb. 40. Anordnung der Dampf-zufuhr nach Dr. C. Otto & Co. in neuen Koksöfen.

---

[1]) Het Gas **12** (1930), S. 256; ferner A. Steding, Wassergasgewinnung in Horizontalgroßkammeröfen, Gas- u. Wasserfach **74** (1931), S. 357 ff.

[2]) G. Lorenzen, Wassergaserzeugung im Koksofen, Stahl u. Eisen **53** (1933), S. 33 ff.

kohle) und andererseits durch den Heizwert des abzugebenden Gases, der nicht unter 4550 kcal/nm³ sinken durfte, begrenzt.

Die Fa. Collin, Dortmund[1]), hat für das Dampfen von Koksöfen eine Anordnung getroffen, wonach der Dampf einer ausgegarten Kammer auf der Seite zugegeben wird, auf der sich das Steigrohr, das natürlich gegen die Vorlage abgedeckt ist, befindet (Abb. 41). Der Dampf durchströmt alsdann die ganze Kammer von oben nach unten und tritt durch ein eisernes Verbindungsrohr in die Nachbarkammer über, in der dann das Wassergas wieder aufsteigt und durch das Steigrohr in die Vorlage geht. Zufolge des langen Dampfweges wird eine sehr gute Wassergasbildung erreicht. Die Öfen müssen natürlich in einer solchen Reihenfolge gedrückt werden, daß auch der zweite Ofen beim Beginn des Dampfens schon annähernd abgegart ist. An sämtlichen Türen auf einer Seite der Batterie müssen Krümmer für die Gasüberführung angebracht werden.

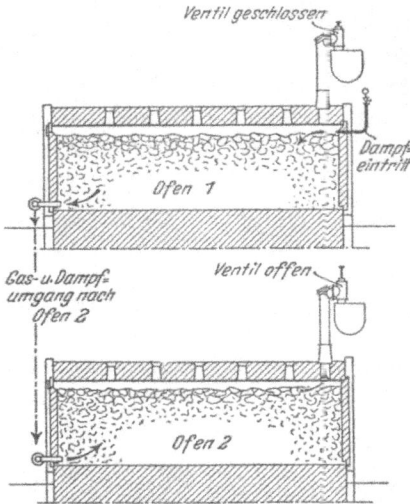

Abb. 41. Einrichtung zur Wassergaserzeugung im Koksofen nach Collin.

Die Überführungsleitung selbst ist beweglich und wird von Fall zu Fall von einem Ofenpaar auf das andere umgewechselt.

Einen weiteren Weg zur Dampfeinführung hat C. Wilputte angegeben. Hier wird der Dampf durch Rohre eingeführt, die durch die Türen eben über der Sohle in den Kokskuchen hineingetrieben werden. Diese Arbeitsweise wurde auch in Deutschland weiterentwickelt, so beim Gaswerk in Stuttgart[2]) (Abb. 42). Lange Rohre, die auf ihrer ganzen Länge mit Austrittlöchern für den Dampf versehen sind, werden von beiden Seiten in die Kammer eingeführt, so daß der Dampf sich über den ganzen unteren Kokskuchen verteilt. Die Rohre werden schon in den ersten Garungsstunden in den Ofen mit kleinen Hilfswinden eingeschoben, die einerseits an der Ausdrückmaschine, andererseits am Türkabel angebracht sind, und verbleiben darin bis kurz vor dem Drücken. Damit die Löcher der Rohre sich nicht verstopfen, wird während der ganzen Garungszeit eine kleine Menge Spüldampf in die Rohre gegeben. In den letzten drei Garungsstunden werden etwa 100 kg Dampf in die Kammer eingeblasen und auf diese Weise etwa 15% Wassergas dem Destillationsgas zugesetzt. Als bei dieser Arbeitsweise nachteilig erweist

---

[1]) Heckel, Brennstoffchemie **13** (1932), S. 383/86; ferner vgl. Fußnote 2 S. 84.
[2]) Stahl u. Eisen **53** (1933), S. 35.

sich der ziemlich starke Verschleiß der Eisenrohre durch Verzunderung, was durch Rohre aus zunderbeständigem Stahl behoben werden könnte.

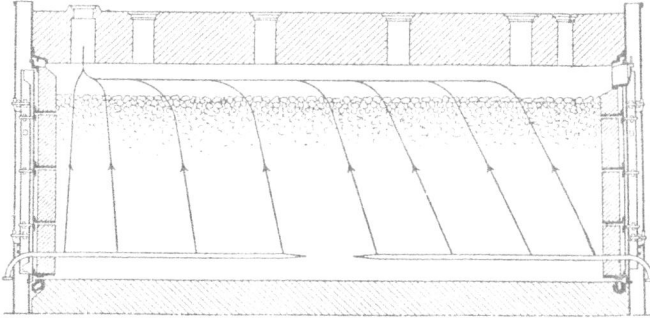

Abb. 42. Einrichtung des Gaswerkes Stuttgart zur Wassergaserzeugung im Koksofen.

Von anderen Überlegungen geht ein Dampfungsverfahren der Fa. Dr. C. Otto, Bochum, aus, das sowohl für die Erzeugung von Blau-wassergas als auch von karburiertem Wassergas in Großraumhorizontal-

1931   1932

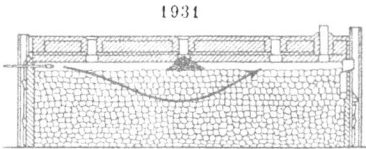 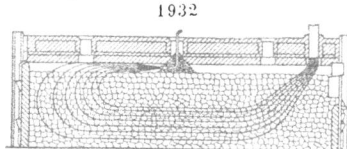

Abb. 43.   Abb. 44.

kammeröfen geeignet ist und das auf Grund eines von der Frankfurter Gasgesellschaft für die Erzeugung von karburiertem Wassergas im Generator entwickelten Verfahrens auf Kammeröfen übertragen worden ist[1]). Die Anordnung entsprach zu-nächst der Abb. 43, wobei der oben an der Tür eingeführte Dampf unter einem durch den mittleren Fülloch-deckel aufgeschütteten Kokshaufen flach hindurchstrich und so den oberen Teil des Kokskuchens beauf-schlagte. Um die Beaufschlagung zu verbessern, wurde die nunmehr von der Ofendecke nahe dem Kokshaufen eingeführte Dampfdüse außerdem noch umgedreht (Abb. 44). Zufolge

1932

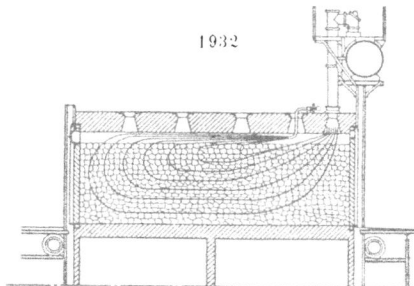

Abb. 45.

der durch die Düse bewirkten Saugwirkung erwies sich indessen der Ab-schluß durch den Kokshaufen als überflüssig. Bei der neuesten Aus-

---

1) Siehe Fußnote 2 S. 88.

bildung wird gemäß Abb. 45 verfahren. Während der Entgasungszeit sind die Löcher in den Füllochdeckeln mit einem kleinen Stopfen verschlossen. Gegen Ende der Garungszeit wird der Stopfen entfernt und

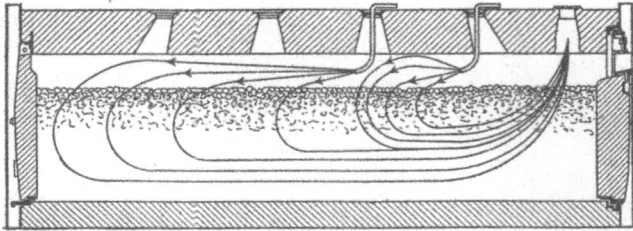

Abb. 46. Dampfeinführung nach Otto mit zwei Düsen.

statt seiner das Dampfrohr eingesetzt, das mit einem Metallschlauch an die Dampfleitung angeschlossen ist. Abb. 46 zeigt die Dampfeinführung mit 2 Düsen. Die Düsenrohre hängen frei im Gassammelraum, so daß kein Rohrverschleiß eintritt. Je nach der Größe der Kammer werden 60 bis 150 kg Dampf je Stunde eingeblasen. Die Drücke im Gassammelraum überschreiten hierbei 8 bis 10 mm nicht.

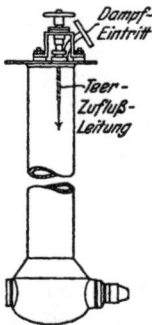

Abb. 47. Einrichtung nach Otto zur Erzeugung von karburiertem Wassergas im Koksofen.

Gegenüber bloßem Naßbetrieb der Horizontalkammeröfen läßt sich durch zusätzliche Einführung geeigneter Teeröle (oder auch von Teer) in die Kammern eine weitere Steigerung der Gasausbeute erzielen, was besonders für die Abdeckung des Spitzengasbedarfes von Belang ist (Abb. 47). Beim häufigen Auftreten von Spitzen hat es sich als wirtschaftlich erwiesen, mit etwas erhöhten Erzeugungskosten zu arbeiten, d. h. Spaltgas aus Teerölen herzustellen, als den gesamten Kohlendurchsatz für kurze Zeit zu erhöhen.

2. Innenabsaugung der Kammern.

Im Vergleich zu früher hat sich mit der Zeit der Abstand zwischen dem oberen Ende der Heizzüge (Schaukanal) und dem Scheitel des Kammergewölbes allmählich vergrößert[1]), um durch eine nicht zu hohe Temperatur im Kammergewölbe (Gassammelraum) den auftretenden thermischen Zersetzungen zu begegnen. Für jede Verkokung gilt bekanntlich, daß mit steigender Entgasungstemperatur die Ausbeute an flüssigen Erzeugnissen insgesamt und ebenso die Koksausbeute abnimmt, während die Gasausbeute steigt. Weiterhin wirkt sich der Einfluß steigender Entgasungstemperaturen naturgemäß auch in qualita-

---

[1]) A. Thau, Brennstoffchemie 1 (1920), S. 68.

tiver Hinsicht aus. Aus diesen Überlegungen heraus, die insbesondere durch die Ergebnisse der Steinkohlenschwelung erhärtet worden sind, hat die sog. Stillsche Innenabsaugung ihren Ausgang genommen, wobei der Weg der in der Beschickung entbundenen flüchtigen Bestandteile durch besondere Einbauten und Maßnahmen abgelenkt wird, so daß infolge schonender Erhitzung ein Teer besonderer Eigenschaft entsteht, der hinsichtlich seiner Beschaffenheit etwa zwischen dem Urteer und normalem Hochtemperaturteer liegt und der leicht hydrierbar sein soll. Statt der üblichen 50% Pech enthält er nur etwa die Hälfte. Bei dem Still-Verfahren ist Vorsorge getroffen, daß die Destillationserzeugnisse während der längsten Zeitdauer der Verkokung nicht durch die heiße Kokszone ziehen[1]) und hier weitgehend zersetzt werden, sondern möglichst unzersetzt durch die verhältnismäßig kühle Kohle abgeführt werden.

Abb. 48 stellt einen Schnitt in der Längsachse durch eine Kammer dar, die mit Innenabsaugung eingerichtet ist. Die

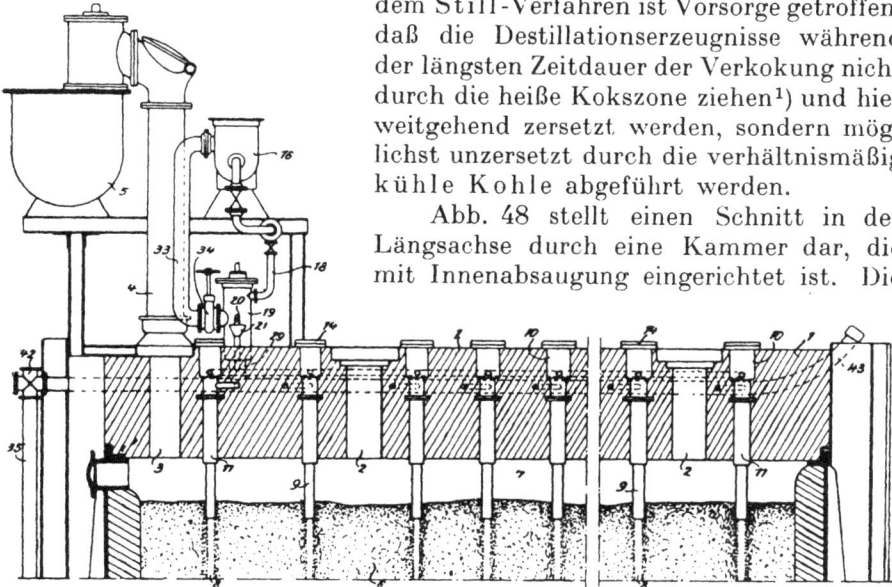

Abb. 48. Schema einer Innenabsaugung, System Still.

von oben eingesetzten Absaugrohre 9 werden mit den Hohlkanälen 8 in der Kohlefüllung in gasdichte Verbindung gebracht, worauf die Innengase durch die Vorlage 16, über die Steigleitung 33, den Tauchverschluß 19 und das Gassammelrohr 43 abgesaugt werden. Die Fallleitung 35 dient zur Abführung der in den Sammeltöpfen 10 durch die Spülleitung 21 zugeführten Spülflüssigkeit und der gebildeten Kondensate. Nach beendeter Innenabsaugung können die Rohre 9 nach Schließen des Kühlers 34 herausgenommen und die restlichen Destillationsgase, wie üblich, in die Vorlage 5 abgeführt werden.

Die Arbeitsweise wurde bislang versuchsweise auf Kokereien eingeführt (Kokereianlage Wolfsbank 1930, Minister Achenbach 1932).

---

[1]) P. Damm u. F. Korten, Der Weg der Gase im Koksofen, Glückauf **67** (1931), S. 1339 u. 1605; ferner P. Damm, Gas- und Wasserfach **77** (1934) S. 231.

J. Schmidt[1]) gibt an, daß sich durch Innenabsaugung die Teerausbeute gegenüber der gebräuchlichen Arbeitsweise um etwa 12% erhöht, außerdem sollen bis zu 30% mehr Benzol gewonnen werden. Der wenig gekrackte Innenteer soll sich in einer Spaltanlage mit Vorteil auf Spaltbenzin, Öl und Pech verarbeiten lassen. Nach Gollmer[2]) gewinnt man mit dem von Still auf der Zeche Wolfsbank[3]) ausgearbeiteten Verfahren einen durchaus normalen Hochtemperaturkoks und erreicht, indem man die Destillationsgase mit Hilfe besonderer Kanäle aus der Mitte der Beschickung absaugt, daneben noch eine Schonung der primären Destillationserzeugnisse.

Nach Broche[4]) enthält das durch Innenabsaugung gewonnene Leichtöl 15 bis 20% Paraffine und Naphtene, in dem Rest überwiegen die Olefine. Der Aromatengehalt ist demzufolge niedrig. Der Innenteer liefert außer bis zu 360° übergehenden Ölen etwa 36% Pech. Abgesehen vom Ruhrgebiet hat man auch in Schlesien und im Saargebiet Öfen mit der Stillschen Innenabsaugung ausgerüstet.

W. Litterscheidt und Mitarbeiter[5]) haben an drei Versuchsöfen einer Ofengruppe die Ergebnisse der Innenabsaugung geprüft, wobei das »Innengas« und das »Außengas« beim Entgasen einer Kokskohle mit 18,2% flüchtigen Bestandteilen getrennt untersucht worden sind. Das Mehrausbringen an Rohbenzol bei Innenabsaugung stellte sich hiernach auf etwa 38%. Über das tatsächliche Ausbringen an gereinigten Produkten liegen noch keine Angaben vor. Das Teerausbringen lag bei der Innenabsaugung um 8,6% höher als bei der Normalabsaugung.

H. Niggemann[6]) macht Angaben über eine neue Ausführungsform der Innenabsaugung, die auf der Zentralkokerei Prosper der Rheinischen Stahlwerke erfolgreich in Betrieb steht, sowie über die damit erzielten Ergebnisse. In der senkrechten Mittellinie der Ofentüren werden in gewissen Abständen eine Anzahl übereinanderliegender Absaugekanäle, die waagerecht nach außen münden, angebracht und an ein senkrecht stehendes Sammelrohr außen angeschlossen (Abb. 49). Die Innengase treten aus der Stirnfläche der kühlen Kohle unmittelbar in die Türkanäle und durch diese auf kürzestem Wege und in schonendster Weise in das außerhalb der Tür befindliche senkrechte Sammelrohr, das dann bereits als Kühler wirkt. Durch das Anliegen der Kohle mit den beiden darin befindlichen Verkokungsnähten an die Türen wird ein wirksamer Abschluß gegen die Außengase, die wie gewöhnlich durch das Deckensteigrohr abziehen, erreicht.

[1]) Öl und Kohle 1 (1933), S. 94.
[2]) Glückauf 69 (1933), S. 922.
[3]) Haarmann, Glückauf 67 (1931), S. 1605.
[4]) Glückauf 70 (1934), S. 1143.
[5]) Glückauf 71 (1935), S. 461ff.
[6]) Glückauf 73 (1937), S. 705.

Das aus dem abgesaugten Innengase sich bei der Kühlung abscheidende Öl ist von dünnflüssiger Beschaffenheit.

In dieser Ausführungsform, bei der allerdings nur die an den Türseiten des Kokskuchens entstehenden Gase und Dämpfe erfaßt werden können, gestaltet sich die Innenabsaugung sehr einfach, sowohl hinsichtlich der erforderlichen Vorrichtungen als auch bezüglich des laufenden Arbeitsaufwandes. Insgesamt werden bereits 135 Öfen auf der genannten Kokerei auf diese Weise betrieben, wobei die Gewinnung der in den Innengasen enthaltenen Wertstoffe in einer kleinen, besonderen Neben-

Abb. 49. Koksofentüren mit Einrichtungen für die Innenabsaugung durch Kammertüren.

produktenanlage erfolgt. Das erhaltene Innenöl ist nahezu pechfrei sowie frei von Naphthalin und Kohlenstaub. Bei einem Durchsatz von 2800 t Trockenkohle je 24 Stunden mit 22 bis 23% flüchtigen Bestandteilen werden 8 t Schwelöl sowie 1,4 t leichte Kohlenwasserstoffe je 24 Stunden gewonnen, wobei die Innengasmenge etwa 5% vom Gesamtgas ausmacht. Die Ausbeute an Schwelöl stellt sich sonach auf rd. 0,3% des Trockenkohlengewichtes. Zusammengefaßt ergibt sich bei Anwendung der Innenabsaugung ein höheres Teerausbringen insgesamt, was auch für das Leichtölausbringen gilt. Im übrigen wurden die diesbezüglichen Ausbeuten an 5 Öfen, die mit einer besonderen Vorlage und Nebenproduktenanlage verbunden waren, festgestellt. Gegenüber einer Teerausbeute von 2,53% (bez. auf Trockenkohle) ohne Innenabsaugung steigerte sich diese auf 2,77% mit Innenabsaugung, d. h. um rd. 10%.

Der Vergleich verschiebt sich noch mehr zugunsten der Innenabsaugung, wenn man die Ölausbeuten (Teer abzüglich Pech und ausgeschiedenen Ölen, wie Naphthalin und Anthrazen) in Beziehung setzt, indem alsdann das Ölergebnis bei Innenabsaugung um 40% höher liegt. Hinsichtlich des Ausbringens an leichten Kohlenwasserstoffen (roh) ergab sich durch die Innenabsaugung eine Zunahme von 0,79 auf 0,86%, d. h. um etwa 9%.

Über die Wirtschaftlichkeit der Innenabsaugung nach Still werden von H. Kuhn Angaben gemacht[1]).

3. Deckenabsaugung.

Gleichfalls im Zuge einer Ausbeutesteigerung der flüssigen Destillationserzeugnisse liegt auch die Anwendung der sog. Deckenabsaugung bei Horizontalkammeröfen. Unter den verschiedenen Verfahrensweisen ist besonders die Anordnung von F. Goldschmidt bekannt geworden. Durch Anwendung der Deckenabsaugung wird lediglich eine Erhöhung der Leichtölausbeute beabsichtigt, um so mehr ja bekanntlich das Benzol heute als das in wirtschaftlicher Beziehung wichtigste Nebenerzeugnis anzusprechen ist.

Die im normalen Horizontalkammerofen vorliegenden Bedingungen für die Absaugung der Entgasungserzeugnisse sind bekanntlich dadurch gekennzeichnet, daß letztere durch die ganze Länge des Kammergewölbes nach dem an dem einen Kammerende (Maschinenseite) liegenden Steigrohr entweichen. Die Anordnung des Steigrohres am Kammerende der Maschinenseite ist durch die Einführung der mechanisch angetriebenen Beschickungswagen bedingt, die eine freie Ofendecke erfordern. Vordem waren am Kammergewölbe zumeist zwei Steigrohre vorgesehen. Bei der heutigen Bauweise haben die an der Koksseite entbundenen flüchtigen Bestandteile den weitesten Weg entlang des Gewölbes über die Decke der Beschickung nach dem Steigrohr zurückzulegen, wobei noch zu berücksichtigen ist, daß zufolge der horizontalen Kammererweiterung nach der Koksseite der von der Beschickung eingenommene Kammerraum nach der Koksseite hin immer größer wird. Versuche, die aus der Kammer zuvor senkrecht nach oben abströmenden flüchtigen Bestandteile zunächst in einem in die Ofendecke eingebauten Kanal zu sammeln und alsdann in diesem horizontal nach dem Steigrohr zu führen, wurden schon früher in der Absicht unternommen, die thermischen Zersetzungen zu beschränken, d. h. insbesondere Ammoniak- und Benzolausbeute zu erhöhen[2]).

Die Anordnung des Deckenkanals, wie sie von F. Goldschmidt angegeben und durchgeführt wurde, ist der Abb. 50 zu entnehmen[3]). Hiernach werden die abziehenden Gase durch kalibrierte Öffnungen

---

[1]) Öl und Kohle 1 (1933), S. 95.
[2]) A. Thau, Brennstoffchemie 15 (1934), S. 41 ff.
[3]) Vgl. Glückauf 70 (1934), S. 1142, Abb. 6; ferner Glückauf 71 (1935), S. 138.

unter Anordnung einer Einschnürung gegenüber dem Steigrohr in den
Deckenkanal geleitet und abgeführt. Bei der Ausführung von Tillmann (Abb. 51)[1]) ziehen die Gase durch die Füllöcher ab und ziehen
von hier durch regelbare Öffnungen dem Deckenkanal zu. Durch vor-
gesehene Schieber können die Deckenkanäle abgeschaltet und die normalen Abzugswege durch das Steigrohr wieder freigegeben werden.

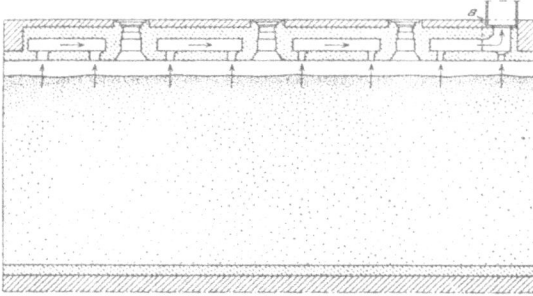

Abb. 50. Deckenabsaugung nach Goldschmidt.

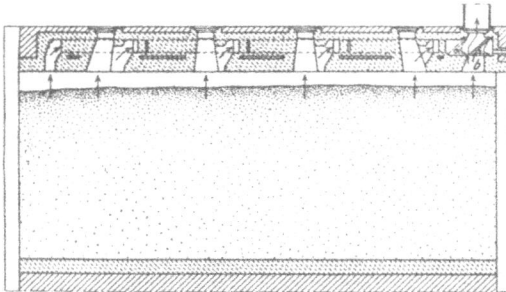

Abb. 51. Deckenabsaugung nach Tillmann.

Wie entsprechende Messungen ergeben haben, liegen die Temperaturen
des Deckenkanals um 700° und besonders gegen Ende der Garungszeit
erheblich unter denen im Gassammelkanal über der Beschickung (820°).
Auf verschiedenen Ruhrkokereien ist durch Einbau von Deckenkanälen
ein Mehrausbringen an Benzol von 10 bis 15% eingetreten.

W. Busch und Mitarbeiter[2]) machen Angaben über die Auswirkung
der Deckenabsaugung auf der Zentralkokerei Friedrich Thyssen 3/7.
Die Anordnung ist derjenigen von Tillmann ähnlich. Die vergleichsweise
durchgeführten Gasanalysen ergaben im Durchschnitt bei Deckenabsaugung einen etwas geringeren Wasserstoffgehalt und dementsprechend
höheren Methangehalt sowie höhere Gehalte an schweren Kohlenwasserstoffen als bei der gewöhnlichen Betriebsweise. Diese Verschiebungen

[1]) Glückauf **70** (1934), S. 1142, Abb. 7.
[2]) Glückauf **69** (1933), S. 490 ff.

drücken sich auch in einem etwas höheren spezifischen Gewicht der Gase bei den mit Deckenkanal versehenen Öfen aus. Die vergleichsweise im Steigrohr gemessenen Temperaturen lagen beim Betrieb mit Deckenabsaugung vom Beginn des Füllens bis zur 14. Stunde um rd. 70° niedriger (bei etwa 700°) als bei der alten Betriebsweise. Die Ausbeutesteigerung an Rohbenzol belief sich auf 11,5%. Das prozentuale Ausbringen an Reinbenzol war etwa das gleiche.

Die Mehrausbeute an Benzol wird je nach den Betriebsbedingungen Schwankungen unterworfen sein. Je heißer der Ofengang, um so stärker wird die schonende Wirkung des Deckenkanals in Erscheinung treten.

Nettlenbusch und Jenkner[1]) gehen davon aus, daß, abgesehen während der ersten Garungsstunden, wo die flüchtigen Bestandteile im wesentlichen mit den heißen Kammerwänden in Berührung kommen, die Hauptspaltvorgänge der Gase in dem bereits gebildeten, von Längs- und Querrissen durchzogenen Koks bei Temperaturen von etwa 750° stattfinden. Demgegenüber liegen die Temperaturen im Gassammelraum nur bei etwa 630 bis 700°. In größerem Maßstabe angestellte Betriebsversuche ergaben, daß bei einer Nacherhitzung der aus dem Steigrohr abziehenden flüchtigen Erzeugnisse auf etwa 750° keine merkliche Änderung der Benzolausbeute eintritt. Bei einer Steigerung der Spalttemperatur auf etwa 900° konnte eine Benzolmehrausbeute von 14% erhalten werden bei gleichzeitigem Rückgang der Teerausbeute um 18,5%. Am günstigsten erwies sich jedoch eine Nacherhitzung auf 820 bis 850°, bei einer Benzolmehrausbeute von 15% und einem Rückgang der Teerausbeute von nur 8%. Auf Grund der Ergebnisse wird der Einbau von Deckenkanälen mit einer von den Öfen unabhängigen Beheizung zwecks Erhöhung der Benzolausbeute für vorteilhaft erachtet, wenn auch die jeweilige Eigenart der Kohle hierbei berücksichtigt werden muß.

Mit den zuletzt geäußerten Ansichten decken sich im wesentlichen auch die Folgerungen, die H. Krüger und Mitarbeiter aus ihren diesbezüglichen Versuchen ziehen. Sie haben eingehende Berechnungen über die bei der Deckenkanalabsaugung auftretenden Verhältnisse, insbesondere die Verweilzeiten der Gase, angestellt[2]) und gezeigt, daß die Deckenabsaugung keine Verkürzung der Verweilzeit verursacht, sondern eine Nachbehandlung des Gases bei Kracktemperaturen bewirkt, da Laboratoriumsversuche ergaben, daß die thermische Nachbehandlung der Rohgase zu einem Mehrausbringen an Benzol führen kann. Die Wirkung der Nachbehandlung hängt aber weitgehend davon ab, wie weit schon im Ofen die thermische Behandlung fortgeschritten ist. Der Deckenkanal wird daher mit einer gewissen Wahrscheinlichkeit nur dort Erfolge zeitigen, wo in kurzer Zeit große Gasmengen entstehen und ab-

---

[1]) Glückauf 70 (1934), S. 1165.
[2]) Glückauf 71 (1935), S. 221 ff.

gesaugt werden müssen. Dies ist der Fall in kurz garenden Öfen mit hoher Temperatur und großem Ladegewicht. Die hohe Temperatur begünstigt zwar den Ablauf der Spaltreaktionen schon in der Kammer, dafür wird aber infolge der kurzen Garungszeit die Gasentwicklung so stark, daß sich nur äußerst kurze Verweilzeiten im Gassammelraum ergeben. Infolgedessen werden die Umsetzungen noch nicht ihr Ende finden.

Wie ersichtlich, stehen diese Ansichten im Gegensatz zu denen der oben genannten Autoren, die die Mehrausbeute an Benzol auf einen im Deckenkanal begründeten Schutz der Entgasungserzeugnisse vor Wärmespaltungen zurückführen.

Über weitere Versuche bei Deckenabsaugung berichten W. Litterscheidt und Mitarbeiter[1]). Für die Versuche wurde das Rohgas dreier Öfen einer vorhandenen Koksofengruppe gesondert abgesaugt und die Ausbeute mit oder ohne Deckenkanal festgestellt. Die Untersuchungsergebnisse bei Deckenabsaugung unterschieden sich nur unwesentlich von denen bei der normalen Absaugung. Es ist offengelassen, inwieweit veränderte Betriebsbedingungen und bauliche Maßnahmen oder die Beschaffenheit der Kokskohle die Ergebnisse beeinflussen.

H. Anlage- und Betriebskosten.

Da mit wachsender Kapazität sowohl die Anlage- als auch die Betriebskosten des Gaswerkes für die durchgesetzte Einheit Kohle geringer werden, besitzen die Großgaswerke für Gruppengasversorgung hinsichtlich der Gestehungspreise der Erzeugnisse, also insbesondere von Gas und Koks, einen entsprechenden Vorsprung vor den mittleren und insbesondere den kleineren Werken, gleiche Einstandspreise für die Kohle vorausgesetzt. Hinzu kommt noch, daß der in Horizontalkammeröfen erzeugte Koks bei Verarbeitung entsprechender Feinkohlen qualitativ sehr hochwertig ist und daher zu guten Preisen Absatz findet.

Über die Anlagekosten neuzeitlicher Werke mit Großraumöfen, wie solche vornehmlich auf Zechen- und Hüttenkokereien erstellt worden sind, hat vor einiger Zeit W. Gollmer[2]) entsprechende Aufstellungen nach Angaben der in Frage kommenden Baufirmen gemacht. Hierbei handelt es sich um Öfen für Stark- und Schwachgasbeheizung einschließlich aller Nebenanlagen sowie einschließlich der Gebäude. Die Kammerabmessungen entsprechen einem Ladegewicht von etwa 16 t Kohle, wie man es wiederholt auch für Großgaswerke gewählt hat.

Die Anlagekosten stellen sich hiernach bei einer jährlichen Leistungsfähigkeit von 500 000 t Koks auf rd. RM. 18,50 und bei einer

---

[1]) Glückauf **71** (1935), S. 461 ff.
[2]) Glückauf **65** (1929), S. 116 ff.

solchen von 200000 t Koks auf rd. RM. 22,80 je Jahrestonne Koks. Man kann also für Großgaswerke beiläufig mit einem Anlagekapital von etwa·RM. 20,— je Jahrestonne Koks bzw. etwa RM. 14,20 je Jahrestonne durchgesetzter Kohle rechnen[1]). Etwa die Hälfte des Anlagekapitals entfällt dabei auf die vollständige Ofenanlage nebst Kohlenvorratstürmen und Kokereimaschinen (Füllwagen, Ausdrückmaschinen, Türabhebevorrichtungen). Die Angaben beziehen sich allerdings auf das Jahr 1927 und haben daher nur bedingte Geltung.

Bei einer Verzinsung und Abschreibung von zusammen 15% würde hiernach die Tonne Koks mit RM. 3,— zu belasten sein, entsprechend einem Kapitaldienst von etwa RM. 2,10 je t durchgesetzte Kohle.

Die eigentlichen Betriebskosten der gesamten Anlage setzen sich im wesentlichen zusammen aus den Löhnen und Aufwendungen für Unterfeuerung, Dampf, Strom, Schmiermittel usw.

In der angezogenen Arbeit ist eine solche Betriebskostenberechnung im Rahmen einer Wirtschaftlichkeitsberechnung durchgeführt, allerdings für eine moderne Großanlage mit einer Jahresleistung von 1 Million t Koks bei voller Beschäftigung, wobei folgende Preise zugrunde gelegt sind:

Starkgas für Unterfeuerung . 1,716 Pf./m³
Dampf . . . . 2,25 RM./t
Strom . . . . 1,125 Pf./kWh

Der Starkgaspreis für die Unterfeuerung basiert auf einem Kohlenpreis von RM. 17,10/t an der Verarbeitungsstelle.

Einschließlich Lohnkosten ergeben sich hierbei die gesamten Betriebskosten zu etwa RM. 5,30/t Koks, wovon auf die Unterfeuerung etwas mehr als die Hälfte (RM. 3,—) entfällt. Kapitaldienst und Betriebskosten würden sich hiernach auf RM. 8,30/t Koks bzw. auf etwa RM. 6,—/t durchgesetzte Kohle belaufen, wobei allerdings die Kosten für Verwaltung, Umlagen, Steuern, Versicherungen usw. nicht berücksichtigt sind.

---

[1]) Hierbei ist angenommen, daß 1,4 t Kohle 1 t Koks entspricht.

Inhaltsverzeichnis

www.ingramcontent.com/pod-product-compliance
Lightning Source LLC
Chambersburg PA
CBHW031450180326
41458CB00002B/711